1+X 职业技术·职业资格培训教材

多媒体 作品制作员

四级
第3版

主　编　顾雷平　顾佳旼

编　者　顾佳华

主　审　王智庆

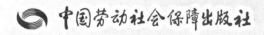

中国劳动社会保障出版社

图书在版编目（CIP）数据

多媒体作品制作员：四级/上海市职业技能鉴定中心组织编写. —3 版. —北京：中国劳动社会保障出版社，2013

1＋X 职业技术·职业资格培训教材

ISBN 978-7-5167-0157-7

Ⅰ.①多…　Ⅱ.①上…　Ⅲ.①多媒体技术-技术培训-教材　Ⅳ.①TP37

中国版本图书馆 CIP 数据核字(2013)第 031102 号

中国劳动社会保障出版社出版发行

（北京市惠新东街1号　邮政编码：100029）

出版人：张梦欣

*

北京市艺辉印刷有限公司印刷装订　新华书店经销

787毫米×1092毫米　16开本　15.5印张　288千字

2013年7月第3版　2018年3月第3次印刷

定价：35.00元

读者服务部电话：(010) 64929211/64921644/84626437

营销部电话：(010) 64961894

出版社网址：http://www.class.com.cn

内 容 简 介

本教材由人力资源和社会保障部教材办公室、中国就业培训技术指导中心上海分中心、上海市职业技能鉴定中心依据上海1＋X多媒体作品制作员（四级）职业技能鉴定细目组织编写。教材从强化培养操作技能，掌握实用技术的角度出发，较好地体现了当前最新的实用知识与操作技术，对于提高从业人员基本素质，掌握多媒体作品制作员（四级）核心知识与技能有直接的帮助和指导作用。

本教材在编写过程中根据本职业的工作特点，以能力培养为根本出发点，采用了模块化的编写方式。全书共分为4章，内容包括：多媒体技术概论、多媒体制作的美术基础、素材的制作和素材的合成。

本教材可作为多媒体作品制作员（四级）职业技能培训与鉴定考核教材，也可供全国中、高等职业技术院校相关专业师生参考使用，以及本职业从业人员培训使用。

改 版 说 明

　　1＋X职业技术·职业资格培训教材《多媒体作品制作员》自2005年出版以来，受到了从业人员的重视和广大多媒体爱好者的好评，在多媒体作品制作员职业资格鉴定和职业技能培训中发挥了巨大的作用。随着多媒体作品制作行业的迅速发展，多媒体作品制作从业人员需要掌握的职业技能有了新的要求。在此形势下，2012年，人力资源和社会保障部教材办公室、中国就业培训技术指导中心上海分中心与上海市职业技能鉴定中心联合组织有关专家和技术人员，依据多媒体作品制作员职业技能鉴定细目对《多媒体作品制作员》教材进行了改版，使教材能够适应社会的发展和行业的需要，更好地为从业人员和广大社会读者服务。

　　第3版教材在形式、结构和内容上相对于上一版教材有了许多变化，图文对应性更强，实例更贴切，更有助于学员对知识的理解和掌握。根据职业的发展和软件的更替，本版教材侧重于实际操作能力的培训，介绍了多媒体素材的加工方法，用GoldWave加工音频素材、Photoshop加工图像素材、Illustrator加工图形素材、Flash加工动画素材、Premiere加工视频素材、3ds Max加工三维素材。此外还介绍了用PowerPoint、Dreamweaver、Authorware软件合成多媒体素材的方法。

　　第3版教材强调技能性，对各个实用软件的介绍都带有丰富的实例；第3版教材的内容与职业资格鉴定考试结合得更紧密，并且与本职业实际岗位工作相接轨，能更好地适应职业的发展和社会的需求。为方便读者更好地使用本教材，本教材的配套资料（素材）可在 http：//www. class. com. cn/datas/20121060488. rar下载。

前　　言

职业培训制度的积极推进，尤其是职业资格证书制度的推行，为广大劳动者系统地学习相关职业的知识和技能，提高就业能力、工作能力和职业转换能力提供了可能，同时也为企业选择适应生产需要的合格劳动者提供了依据。

随着我国科学技术的飞速发展和产业结构的不断调整，各种新兴职业应运而生，传统职业中也愈来愈多、愈来愈快地融入了各种新知识、新技术和新工艺。因此，加快培养合格的、适应现代化建设要求的高技能人才就显得尤为迫切。近年来，上海市在加快高技能人才建设方面进行了有益的探索，积累了丰富而宝贵的经验。为优化人力资源结构，加快高技能人才队伍建设，上海市人力资源和社会保障局在提升职业标准、完善技能鉴定方面做了积极的探索和尝试，推出了1＋X培训与鉴定模式。1＋X中的1代表国家职业标准，X是为适应上海市经济发展的需要，对职业的部分知识和技能要求进行的扩充和更新。随着经济发展和技术进步，X将不断被赋予新的内涵，不断得到深化和提升。

上海市1＋X培训与鉴定模式，得到了国家人力资源和社会保障部的支持和肯定。为配合上海市开展的1＋X培训与鉴定的需要，人力资源和社会保障部教材办公室、中国就业培训技术指导中心上海分中心、上海市职业技能鉴定中心联合组织有关方面的专家、技术人员共同编写了职业技术·职业资格培训系列教材。

职业技术·职业资格培训教材严格按照1＋X鉴定考核细则进行编写，教材内容充分反映了当前从事职业活动所需要的核心知识与技能，较好地体现了适用性、先进性与前瞻性。聘请编写1＋X鉴定考核细则的专家，以及相关行业的专家参与教材的编审工作，保证了教材内容的科学性及其与鉴定考核细则和题库的紧密衔接。

职业技术·职业资格培训教材突出了适应职业技能培训的特色，使读者通过学习与培训，不仅有助于通过鉴定考核，而且能够有针对性地进行系统学习，真正掌握本职业的核心技术与操作技能，从而实现从懂得了什么到会做什么的飞跃。

职业技术·职业资格培训教材立足于国家职业标准，也可为全国其他省市开展新职业、新技术职业培训和鉴定考核，以及高技能人才培养提供借鉴或参考。

新教材的编写是一项探索性工作，由于时间紧迫，不足之处在所难免，欢迎各使用单位及个人对教材提出宝贵意见和建议，以便教材修订时补充更正。

人力资源和社会保障部教材办公室
中国就业培训技术指导中心上海分中心
上海市职业技能鉴定中心

目　录

第1章

多媒体技术概论

第1节 多媒体技术的基本概念

 学习目标

1. 了解媒体的概念和分类，多媒体技术的主要特征和应用范围。

2. 掌握多媒体和多媒体技术的概念。

3. 能够熟悉多媒体元素的概念，多媒体产品的制作过程和多媒体产品合理使用的法律概念。

 知识要求

一、媒体的概念与分类

1. 媒体的概念

媒体（Media）即介质，是指承载或传播信息的载体。在计算机领域中媒体有两层含义：一是指承载信息的物理载体，如磁盘、光盘和磁带等；二是指表述信息的逻辑载体，如文字、图像和声音等。通常人们将报纸、电视、电影和各种出版物称为大众传播媒体。

2. 媒体的分类

按照国际电信联盟标准的定义，媒体可分为：感觉媒体（Perception Medium）、表示媒体（Representation Medium）、显示媒体（Presentation Medium）、存储媒体（Storage Medium）和传输媒体（Transmission Medium）。

（1）感觉媒体，指能直接作用于人的感官、使人能直接产生感觉的一类媒体，如声音、图形、静止图像、动画、活动图像和文本等。

（2）表示媒体，指传输感觉媒体的中介媒体，即用于数据交换的编码，如文本编码和声音编码等。

（3）显示媒体，指进行信息输入和输出的媒体，如键盘和显示器等。

（4）存储媒体，指用于存储表示媒体的物理介质，如磁盘和光盘等。

（5）传输媒体，指传输表示媒体的物理介质，如光缆和电磁波等。

二、多媒体与多媒体技术

1. 多媒体与多媒体技术的概念

多媒体就是由单媒体复合而成，是以计算机为基础的互动通信过程，用不同的媒体来传递信息（如文字、图形、图像、声音、动画和影视等）。

多媒体技术是一种基于计算机科学的综合技术，它把文字、图形、图像、音频、动画以及视频等多种媒体信息通过计算机进行数字化采集、获取、压缩/解压缩、编辑和存储等加工处理，再以单独或合成的形式表现出来的一体化技术。多媒体技术包括数字化信息处理技术、音频和视频技术、计算机软件和硬件技术、人工智能和模式识别技术、通信和网络技术等。

2. 多媒体元素

多媒体包括文本、图像、声音、动画和视频等基本要素。

（1）文本。文本是一连串人们能理解的字符，是最基本的沟通媒体。它包括普通文本、图形文本和动态文本。

（2）图像。一般所说的图像是指静态图像，静态图像与文本信息相比，图像信息更加直观，抽象程度较低，易于阅读，而且图像信息不受宏观和微观、时间和空间的限制。

（3）声音。除了视觉以外，人类获得的大部分信息来源于所听到的声音，声音不一定是最主要的刺激因素，但它有着独特的性质和作用。声音信息主要有瞬时性和顺序性两方面的特性。

（4）动画。动画是由一连串顺序的图像或帧组成，用以模拟动作。动画与视频一样，显示帧的速度越高，画面越流畅。

（5）视频。视频是由一连串附有音轨的顺序帧组成。这些帧在显示器上快速地顺序出现，在眼睛内造成"视觉残留"，产生活动影像的效果。

三、多媒体技术的主要特征

多媒体技术的内涵、范围和所涉及的技术极其广泛，其特征主要包括信息媒体的多样性、集成性、交互性和同步性。

1. 多样性

多媒体技术涉及多样化的信息，因此，信息载体自然也随之多样化，使得计算机处理的信息空间范围扩大，不再局限于数值、文本或特殊对待的图形和图像，而是可以借助于视觉、听觉和触觉等多感觉形式实现信息的接收、产生和交流，进而能够根据人的构思和创意，通过交换、组合和加工来综合处理文字、图形、图像、声音、动画和视频等多种形式的媒体信息，以达到生动、灵活和自然的效果。

2. 集成性

多媒体的集成性主要表现在多媒体信息（文字、图形、图像、语音及视频等信息）的集成及操作这些媒体信息的软件和设备的集成。

3. 交互性

交互性是多媒体技术的关键特征。它使用户可以更有效地控制和使用信息，增加对信息的关注和理解。借助于交互性，人们不是被动地接受文字、图形、声音和图像，而是可以主动地进行检索、提问和回答。

4. 同步性

由于多媒体系统需要处理各种复合的信息媒体，因此，多媒体技术必然要支持实时处理。接收到的各种信息媒体在时间上必须是同步的，其中语音和活动的视频图像必须严格同步，因此要求实时性。

四、多媒体技术的应用范围

多媒体技术的应用领域非常广泛，几乎遍布各行各业以及社会生活的各个方面。由于多媒体技术具有直观、信息量大、易于接受和传播迅速等显著的特点，因此其应用领域的拓展十分迅速。

1. 教育与培训

多媒体系统的形象化和交互性可为学习者提供全新的学习方式，使接受教育和培训的人能够主动地、创造性地学习，具有更高的学习效率。传统的教育和培训模式正在从"传授"或者"被动学习"转变为"体验学习"或者"主动学习"。教学过程的核心不再是教师，而是学生。

2. 咨询服务与广告宣传

在旅游、邮电、医院、交通、商业、博物馆和宾馆等公共场所，通过多媒体技术可以提供高效的咨询和演示服务。在销售和宣传等活动中，使用多媒体技术能够图文并茂地展示产品，使客户对该产品能够有一个感性、直观的认识。

3. 娱乐与游戏

计算机游戏深受年轻人的喜爱，游戏者对游戏不断提出的要求，极大地促进了多媒体技术的发展，许多最新的多媒体技术往往首先应用于游戏软件。目前互联网上的多媒体娱乐活动更是多姿多彩，从在线音乐、在线影院到联网游戏，应有尽有，可以说娱乐与游戏是多媒体技术应用最为成功的领域之一。

4. 多媒体通信

多媒体通信是随着各种媒体对网络的应用需求而迅速发展起来的一项技术。一方面，多媒体技术使计算机能同时处理文本、音频和视频等多种信息，提高了信息的多样性；另一方面，网络通信技术打破了人们之间的地域限制，提高了信息的实时性。二者结合所产生的多媒体通信技术把计算机的交互性、通信的分布性和视频的实效性有机地融为一体，成为当今信息社会的一个重要标志。

5. 模拟训练

利用多媒体技术丰富的表现形式和虚拟现实技术，能够设计出逼真的仿真训练系统，如飞行模拟训练和航海模拟训练等。训练者只需坐在计算机前操作模拟设备，就可得到如同操作实际设备一样的效果。不仅能够有效地节省训练经费，缩短训练时间，还能够避免一些不必要的损失。

6. 电子出版物

光盘具有存储量大，使用收藏方便、数据不易丢失等优点。它将在某些领域取代传统的纸质出版物，成为图文并茂的电子出版物，尤其适合大容量的出版物，如字典、辞典、百科全书、大型画册和电子图书等。多媒体电子出版物与传统出版物除阅读方式不同外，更重要的是它具有集成性和交互性等特点，可以配有声音解说、音乐、三维动画和彩色图像，再加上超文本技术的应用，使它表现力强，信息检索灵活方便，能为使用者提供更有效地获取知识和接受训练的方法和途径。

7. 工业领域

现代化企业的综合信息管理和生产过程的自动化控制，都离不开对多媒体信息的采集、监视、存储、传输及综合分析处理和管理。应用多媒体技术来综合处理多种信息，可以做到信息处理综合化、智能化，从而提高工业生产和管理的自动化水平。多媒体技术在工业生产实时监控系统中，尤其在生产现场设备故障诊断和生产过程参数监测等方面有着重大的实际应用价值。特别是在一些危险环境中，多媒体实时监控系统起到越来越重要的作用。

五、多媒体产品

多媒体产品是指在教育、商业、公共场所等领域应用多媒体技术开发的创作及应用产品。它可以接收外部图像、声音、录像等各种媒体信息，经过加工处理后以图像、文字、声音、动画等多种方式输出。

1. 多媒体产品的基本形式

随着多媒体技术的不断发展，多媒体产品在人们日常生活中的应用也越来越广泛。按其形式可分为软件产品和硬件产品两大类。软件产品是指在计算机上开发和应用的图形、声音、文字等多媒体工具；硬件产品是指单独开发、独立存在的媒体装置。

2. 多媒体产品的制作过程

多媒体产品的制作过程大致分为4个阶段。

（1）确定开发产品的目的，树立自己独特的风格。制定产品开发在时间轴上的分配比例、进展速度和总长度；撰写和编辑信息内容，包括制作大纲、制作内容和说明文字等；规划用何种媒体形式表现何种内容，包括界面设计、色彩设计和功能设计等；将全部创意、进度安排和实施方案形成文字资料，制作脚本。

（2）进行产品的加工与制作。根据要求进行素材加工和修饰，然后形成脚本要求的图像文件；按照脚本要求，制作规定长度的动画或视频文件，在制作动画过程中，要考虑声音与动画的同步、画外音区段内的动画节奏、动画衔接等问题，制作解说和背景音乐，优化数据。

（3）产品的测试运行。测试是发觉产品的隐藏缺陷、验证它是否达到预期目标的重要手段。每次集成一个主题就重新测试一次，直到全部主题都集成为一个完整的系统，直至推出正式的、可交付使用或可供发行的版本为止。

（4）进行成品制作及包装

1）系统打包。把全部系统文件进行捆绑，形成若干个集成文件，并生成系统安装文件和卸载文件。

2）制作光盘。可采用5英寸的CD-R激光盘片。

3）设计包装。包装对产品的形象有着直接影响，甚至对产品的使用价值也起到不可低估的作用。

4）编写技术说明书和使用说明书。技术说明书主要说明软件系统的各种技术参数，包括媒体文件的格式与属性、系统对软件环境的要求、对计算机硬件配置的要求等。使用说明书主要介绍系统的安装方法、寻求帮助的方法、操作步骤、疑难解答、作者信息及联系方式等。

3. 多媒体产品的版权

多媒体产品的著作权（即版权）是产品的创作者对其作品所享有的专利权利。版权是公民、法人依法享有的一种民事权利，属于无形财产权。

在不触犯版权的情况下合理使用多媒体产品可以促进作品的广泛传播，在著作权法规定的某些情况下使用作品时，可以不经著作权人许可，不向其支付报酬，但应当指明作者姓名、作品名称，并且不得侵犯著作权人依照著作权法享有的其他权利。我国著作权法规定的"合理使用"包括以下几种情况：

（1）为个人学习、研究或者欣赏，使用他人已经发表的作品。

（2）为介绍、评论某一作品或者说明某一问题，在作品中适当引用他人已经发表的作品。

（3）为报道时事新闻，在报纸、期刊、广播电台和电视台等媒体中不可避免地再现或者引用已经发表的作品。

（4）报纸、期刊、广播电台和电视台等媒体刊登或者播放其他报纸、期刊、广播电台和电视台等媒体已经发表的关于政治、经济和宗教问题的时事性文章，但作者声明不许刊登、播放的除外。

（5）报纸、期刊、广播电台和电视台等媒体刊登或者播放在公众集会上发表的讲话，但作者声明不许刊登、播放的除外。

（6）为学校课堂教学或者科学研究，翻译或者少量复制已经发表的作品，供教学或者科研人员使用，但不得出版发行。

（7）国家机关为执行公务在合理范围内使用已经发表的作品。

（8）图书馆、档案馆、纪念馆、博物馆和美术馆等为陈列或者版本的需要，复制本馆收藏的作品。

（9）免费表演已经发表的作品，该表演未向公众收取费用，也未向表演者支付报酬。

（10）对设置或者陈列在室外公共场所的艺术作品进行临摹、绘画、摄影和录像等。

（11）将中国公民、法人或者其他组织已经发表的以汉语言文字创作的作品翻译成少数民族语言文字作品在国内出版发行。

（12）将已经发表的作品改成盲文出版。

第 2 节　多媒体计算机系统

 **学习目标**

1. 了解多媒体计算机系统和多媒体软硬件的组成。

2. 掌握多媒体信息采集设备的相关知识。

3. 能够掌握多媒体信息的采集方法。

 **知识要求**

一、多媒体计算机系统

1. 多媒体计算机系统组成

多媒体计算机系统 MPC（Multimedia Personal Computer）由硬件系统和软件系统两部分构成。

硬件系统包括计算机主机、各种外围设备及与外围设备相连接的各种控制接口卡等。如果要进行图像处理，则需要配备数码照相机、扫描仪和彩色打印机等；若要进行视频处理，则需要配备高速、大容量的硬盘、视频卡和摄像机等。MPC 硬件的一般配置如图 1—2—1 所示。

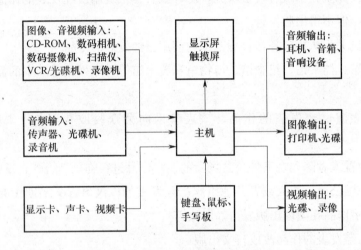

图 1—2—1　MPC 硬件的一般配置

软件系统包括多媒体操作系统、多媒体驱动软件、多媒体数据处理软件、多媒体编辑和创作软件以及多媒体应用软件等。

2. 多媒体硬件系统

与通用的计算机相比，多媒体计算机的主要硬件除了常规的硬件，如主机、内存储器、硬盘驱动器、显示器和网卡之外，还要有光盘驱动器、音频信息处理硬件和视频信息处理硬件等部分。

（1）音频卡。在音频卡上连接的音频输入/输出设备包括传声器、音频播放设备、MIDI 合成器、耳机和扬声器等，如图 1—2—2 所示。对数字音频处理的支持是多媒体计算机的重要方面，音频卡具有 A/D（模拟/数字）和 D/A（数字/模拟）音频信号的转换功能，可以合成音乐、混合多种声源，还可以外接 MIDI（Musical Instrument Digital Interface，乐器数字接口）电子音乐设备。从硬件上实施声音信号的数字化、压缩、存储、解压和回放等功能，并提供各种声音、音乐设备的接口与集成能力。

图1—2—2　音频卡实物图

（2）视频卡。视频卡是连接摄像机、VCR 影碟机和 TV 等设备，以便获取、处理和表现各种动画以及数字化视频媒体。它以硬件方式快速有效地解决活动图像信号的数字化、压缩、存储、解压和回放等重要视频处理和标准化问题，并提供各种视频设备的接口和集成能力。

视频卡由于需求与性能的不同，其分类标准各异。

1）按照视频信号源的编码方式，可分为数字采集卡和模拟采集卡。

2）按照安装连接方式，可分为外置采集卡和内置式板卡。

3）按照视频压缩方式，可分为软压卡（消耗 CPU 资源）和硬压卡（自带处理功能）。

4）按照视频信号输入/输出接口，可分为 1394 采集卡、USB 采集卡、HDMI 采集卡、VGA 视频采集卡、PCI 视频采集卡和 PCI－E 视频采集卡等。

5）按照性能作用，可分为电视卡、图像采集卡、DV 采集卡、计算机视频卡、监控采集卡、多屏卡、流媒体采集卡、分量采集卡、高清采集卡、笔记本采集卡、DVR 卡、VCD 卡、视频转换卡和非线性编辑卡等。

6）按照用途，可分为广播级视频采集卡、专业级视频采集卡和民用级视频采集卡。

（3）图形加速卡。图文并茂的多媒体表现需要分辨率高而且屏幕显示色彩丰富的显示卡支持，带有图形用户接口 GUI（Graphical User Interface）加速器的显示适配器使得显示速度大大加快。

（4）交互控制接口。用来连接触摸屏、鼠标和光笔等人机交互设备，这些设备将大大方便用户对 MPC 的使用。

3. 多媒体软件系统

多媒体计算机软件系统按功能可分为多媒体系统软件和多媒体应用软件。其层次结构如图1—2—3所示。

（1）多媒体系统软件。多媒体系统软件是多媒体系统的核心，它不仅具有综合使用各种媒体、灵活传输和处理多媒体数据的能力，而且还要协调各种媒体硬件设备的工作，将种类繁多的硬件有机地组织到一起，使用户能灵活控制多媒体硬件设备，进行多媒体数据的组织和操作。

多媒体系统软件按照功能可分为以下几种：

1）多媒体驱动软件。它是多媒体计算机系统最底层硬件的软件支撑环境，直接与计算机硬件接触，完成各种设备的初始化与管理以及基于硬件的压缩/解压缩、图像快速变换和功能的调用等。一般每一种多媒体硬件都需要一个相应的软件驱动程序。

2）驱动器接口程序。它是高层软件与驱动程序之间的接口软件，为高层软件建立虚拟设备，是提高整个系统性能的重要组成部分。

3）多媒体操作系统。具有对硬件设备的相对独立性、可操作性和较强的可扩展能力，能实现多任务调度，提供多媒体信息的各种基本操作和管理，保证在多媒体环境下音频和视频等信息的同步控制和处理的实时性。

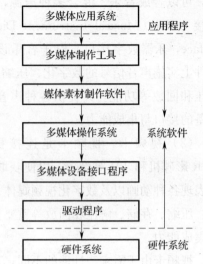

图1—2—3　多媒体计算机软件系统结构

4）媒体素材制作软件及多媒体库函数。这层软件是为多媒体应用程序进行数据处理准备的程序，主要包括多媒体数据采集和处理软件，如数字化音频、视频的录制、编辑以及动画制作等软件。多媒体库函数主要为开发者提供工具库，使开发过程更加方便快捷。

5）多媒体创作工具和开发环境。多媒体创作工具和开发环境主要用于编辑、生成多媒体特定领域的应用软件或系统，是多媒体设计人员在多媒体操作系统上进行开发的软件工具，如Authorware、Flash、Edge Animate等。

（2）多媒体应用软件。多媒体应用软件是在多媒体创作平台上设计、开发的面向应用领域的软件系统，通常由应用领域的专家与多媒体开发人员协作、配合完成。开发人员利用开发平台和创作工具制作、组织各种多媒体素材，生成最终的多媒体应用程序，并在应用中测试、完善程序，最终形成多媒体产品。

二、多媒体信息采集设备

在多媒体计算机中，要对存在于计算机外部的多媒体信息源进行数字化的过程中，必须借助多媒体信息采集设备，将外部信息采集到计算机中。

1. 常规信息采集设备

（1）键盘（见图1—2—4）。键盘是计算机常用的人机交互设备，它是指令输入和操作计算机的主要设备之一，中文汉字、英文字母以及各种符号大都是通过键盘来输入计算机的。键盘可分为机械式、电容式和薄膜式三种。

（2）鼠标（见图1—2—5）。1963年，美国斯坦福研究所的科学家恩格尔巴特发明了鼠标，它能在屏幕上快速精确地定位，可用于屏幕编辑、选择菜单和屏幕作图等，是目前最常用的、必不可少的计算机输入设备之一。鼠标可分为机械滚轮鼠标、光电式鼠标、无线鼠标和3D鼠标。

图1—2—4　键盘实物图　　　　　　　图1—2—5　鼠标实物图

（3）扫描仪（见图1—2—6）。扫描仪是将照片、书籍上的文字或图像获取下来，以文件形式保存在计算机中的一种外部输入设备。扫描仪可分为平面扫描仪、滚动式扫描仪、手持式扫描仪、3D扫描仪和专业扫描仪等。

（4）数码相机（见图1—2—7）。数码相机在多媒体系统中所起的作用越来越大。数码相机可分为简易型相机、单反型相机和后背型相机。

图1—2—6　扫描仪实物图　　　　　　图1—2—7　数码相机实物图

（5）手写板（见图1—2—8）。手写绘图输入设备的作用和键盘类似。手写板是由手写板和手写笔配套组成，是一种输入工具，可输入文字或者绘画，也兼有一些鼠标的功能。手写板可分为电阻压力式板、电磁式感应板和电容式触控板。

（6）手柄（见图1—2—9）。多媒体系统中的手柄与家用游戏机式的手柄设计类似，其有若干个功能键，根据需要还可以加入更多的功能键，实现不同的功能。

图1—2—8 手写板实物图　　　　　　　　　　图1—2—9 手柄实物图

（7）触摸屏（见彩图1）。触摸屏是一种新型的人机交互技术，具有直观、操作简单、方便、自然、反应速度快、节省空间和易于交流等优点。利用该技术，使用者只要用手指轻轻地触碰计算机显示屏上的图符或文字就能实现对主机的操作，触摸屏摆脱了键盘和鼠标，极大地改善了人机交互方式。触摸屏可分为电阻式、电容式、红外线式和表面声波式等。

2. 音频信息采集设备

（1）声卡（见图1—2—10）。声卡也叫音频卡，是多媒体技术中最基本的组成部分，是实现声波/数字信号相互转换的一种硬件。声卡是把来自传声器、磁带、光盘的原始声音信号加以转换，输出到耳机、扬声器、扩音机和录音机等声响设备。声卡具备采集音频信息和输出音频信息的双重功能。声卡主要分为板卡式、集成式和外置式，以适合不同用户的需求。

（2）麦克风（见图1—2—11）。麦克风是将声音信号转换为电信号的能量转换器件，也称话筒。麦克风是采集音频信号的输入设备之一。

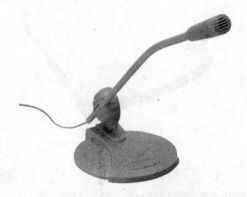

图1—2—10 声卡实物图　　　　　　　　　　图1—2—11 麦克风实物图

3. 视频信息采集设备

（1）视频采集/压缩卡（见图1—2—12）。视频采集卡是将模拟摄像机、录像机、LD视盘机和电视机等输出的视频数据或者视频、音频的混合数据输入至计算机，并将数据转换成计算机可辨别的数字数据，然后存储于计算机中，成为可编辑处理的视频数据文件。视频采集卡分为广播级、专业级和民用级。

（2）摄像机（见图1—2—13）。摄像机是一种把光学图像信号转变为电信号，以便于存储或者传输的设备。

图1—2—12　视频采集卡实物图　　　　图1—2—13　摄像机实物图

三、多媒体信息采集方式

1. 文本素材采集方式

计算机获取文本的途径通常有键盘输入、扫描识别输入、手写识别输入和语音识别输入等。

（1）键盘输入。键盘输入是最早使用的输入方法，也是最常用的输入方法之一。如果文本的内容很多，并且是首次创作的，那么一般会选用键盘输入。键盘输入的优点是，对于首次创作的文本可以方便快捷地输入，且不需任何其他外设。

（2）扫描识别输入。原始文本资料是印刷品，可以利用扫描仪对文本进行扫描，以获取文本数据。目前普遍采用的利用扫描仪来识别字符的技术被称为光学字符识别技术（OCR）。扫描识别输入的优点是，对于文字量大并且是印刷品或者是比较工整的手写稿有较高的输入速度。

（3）手写识别输入。手写识别是由一块和计算机相连的手写板以及一支手写笔组成。手写识别输入的优点是容易掌握，缺点是输入速度较其他输入法慢。

（4）语音识别输入。语音识别输入是指由计算机识别语音的技术，也就是用人的语言去指挥和控制机器，让机器"听懂"人的语言，并根据其指令去完成各种各样的任务。

语音识别系统通常由语音输入、语音分析、识别处理和识别输出 4 个部分组成，语音识别输入比手写输入更容易掌握。如果用户掌握比较标准的普通话发音，再经过计算机语音识别训练之后，即可进行语音输入了。语音识别的优点是方便快捷，使用简单，但要求使用者讲普通话，讲话语气要平稳，音量应基本保持一致等。

2. 图形、图像素材采集方式

把自然的影像转换成数字化图像的过程就是图像的采集过程。该过程的实质是进行模/数（A/D）转换，即通过相应的设备和软件，把自然影像模拟量转换成能够用计算机处理的数字量。在实际应用中，图像的数字化过程通常用扫描仪或数码照相机直接获取，还可从互联网及光盘图像库等来源中获取。

（1）扫描图像。图像扫描借助于扫描仪进行，其图像质量主要取决于扫描方法、扫描参数、颜色深度以及后期的技术处理。

（2）捕捉屏幕图像。捕捉屏幕图像是人们常用的一种图像获取方式，常用的捕捉方式有键盘捕捉和软件捕捉。

键盘捕捉是按键盘上的"Print Screen"键，就可以将当前屏幕完全捕捉下来，使用"Alt＋Print Screen"组合键就可以把当前活动窗口捕捉下来。

用屏幕捕捉软件可以更加精确和随意地捕捉屏幕图像。这些软件可以捕捉、编辑和共享计算机屏幕上的所有内容，包括文本、图标、菜单和视频等。

（3）数码拍摄。数码相机是目前广泛使用的数字设备之一，其具有很多普通光学照相机无法具备的优点，比如高分辨率和大存储空间，因此备受青睐。

（4）网络获取。在网络上获取图像常用的方法分为搜索引擎获取、资源库下载和软件获取等。常用的图像搜索引擎有：百度图像搜索（http：//image.baidu.com）、谷歌图像搜索（http：//www.google.com.hk/imghp? hl＝zh-CN&tab＝wi）和雅虎图像搜索（http：//image.yahoo.cn）等。

3. 音频素材采集方式

（1）录音。录音是获取声音文件的最直接方式，也是获得最佳源文件的有效方式，常用的录音方式有两种，即数字录音和模拟录音。

1）数字录音。这种方式通常是利用专业的声音编辑软件以及相关的数字音频录制设备进行录制，能直接得到数字化的音频文件，可根据需要直接在计算机上进行相应编辑、修改以及音效合成等操作。

2）模拟录音。主要通过录音机等录音设备对声音进行磁记录，将其保存在磁带等磁介质上，然后再通过放音机等播放设备将记录的磁信号还原成音频信号。对这种录音文件直接进行相应的编辑、修复较为困难，合成效果有限。

（2）网络及素材库。通过网络下载和购买素材库也是一种获取音频素材的方式。对于一些特殊音频效果，由于条件与环境的限制很难直接录制，可通过网络（如中国原创音乐基地 http：//www.5sing.com 等）进行搜索下载。

（3）转换与效果合成。音频文件的转换与合成是多媒体作品开发的主要音频获取方式之一。该方式经济实惠，操作方便，可以进行模拟录音的转换、从 CD 和 VCD/DVD 中获取和利用软件合成。

4. 视频素材采集方式

（1）网络及素材库获取。网络是获取视频素材的一种有效方式，该方式方便快捷。购买 VCD 或 DVD 等专业的素材库光盘也是一种有效的方式，从中选取所需视频素材，通过相应转换，以供创作所需。

（2）摄像机获取。利用视频捕捉卡和视频工具软件可以对摄像机中的实时视频信号进行捕捉，并生成视频文件。

（3）拍摄数字视频。利用数字摄像机等数字设备直接拍摄以生成数字视频，并以 MPEG 或 MOV 等格式存储。

（4）捕捉屏幕获取。利用屏幕捕捉软件，可以录制动态的屏幕操作步骤，生成所需的视频文件。

思 考 题

1. 多媒体元素包括哪些内容，各有什么特点？
2. 我国著作权法规定的"合理使用"包括哪几种情形？
3. MPC 有哪些主要功能？
4. 多媒体信息常见的采集设备有哪些，各能采集什么信息？
5. 多媒体信息常见的采集方式有哪些？

第 2 章

多媒体制作的美术基础

第1节 基本概念

 学习目标

1. 了解美学在多媒体作品中的作用。
2. 掌握美的表现手法。
3. 能够熟悉图像美学和动画美学。

 知识要求

一、美学基本概念

多媒体作品的一个设计原则就是艺术性，在制作多媒体作品时要讲究美观，符合人们的审美观念和阅读习惯。所以在多媒体作品开发过程中，必须运用美学理论知识，设计出符合人们视觉审美习惯的软件界面。

美学不是抽象的概念，它是由多种因素共同构成的一项系统工程。通过绘画对两个以上色彩的运用与搭配，设计多个对象在空间的关系等具体的艺术手段，展现多媒体作品的人性化和美感。因而美学设计时需要采用3种艺术表现手段：绘画、色彩构成和平面构成。

1. 美学概念

爱美是人的天性，这种天性刺激了美学的发展，也成为美学发展最基本的条件。美学作为一门社会科学，是在社会的物质生活与精神生活的基础上产生和发展起来的，是研究美、美感、美的创造及美育规律的一门科学。简单地说，美学是研究人与现实审美关系的学问。它既不同于一般的艺术，也不单纯是日常的美化活动。

美学是通过绘画、色彩构成和平面构成来展现自然美感的学科。绘画、色彩构成和平面构成被称为美学设计的三要素，而自然美感则是美学运用的最终目的。

在制作多媒体作品时，使用美学的知识和方法可以使界面效果更美观、更人性化、主题内容更鲜明，从而给操作者留下更深的记忆。

2. 美的表现手段

自然界中各种事物的形态特征被人的感官所感知，使人产生美感，并引起人们的想象和一系列的感情活动，这就是美的表现手段。例如，各种富有变化而和谐的形体、面孔、声音和色彩。

绘画是美学的基础，通过绘画使线条、色块具有美学的意义，从而构成了图画、图案、艺术文字以及形象化的图案。

色彩构成是美学的精华，研究两个以上的色彩关系、精确的色彩组合、良好的色彩搭配是色彩构成的主要内容。

平面构成是美学的逻辑规则，主要研究若干对象之间的位置关系。平面构成可以归纳为对版面上的"点""线""面"现象的研究。

二、多媒体信息的美学基础

1. 文字美学

在多媒体作品中，文字起着主题提示和承载媒体内容的作用。一个好的多媒体作品，其文字字体的种类、大小，笔画的粗细，字间距，行距，颜色的明度、纯度、色相，都要精心设计，各种字体的文字特征见表2—1—1。

表2—1—1　　　　　　　　　　文字特征

字体名称	字体笔画特点	情感特征	适用场合
宋体（标宋、中宋、书宋、细宋）	字形方正，笔画有粗细变化，横细竖粗，末端有修饰，点、撇、捺、钩等笔画有尖端	工整大方	主要用于书刊或报纸的正文部分
仿宋体	字体清秀挺拔，粗细均匀，起落笔均有钝角，横画向右上方倾斜，点、撇、捺、挑、钩尖锋较长	字形秀美、挺拔	适用于排印刷标题、诗词短文、书刊的注释引文以及艺术作品中的说明等
黑体（粗黑、大黑、中黑、细黑、圆头黑体）	笔画单纯，粗细一致，黑体起收笔呈方形，圆头黑体起收笔呈圆形	结构严谨，庄严有力，朴素大方，视觉效果强	适用于醒目位置，如标题
楷体	笔画富于弹性，横、竖粗细略有变化，横画向右上方倾斜，点、撇、捺、挑、钩尖锋柔和	亲切、易读性好，中国文化韵味强	广泛用于学生课本、通俗读物、批注、书籍、信函等文化性说明文字
隶书	朴素、笔画厚重、结构严谨	人文气息浓郁	多用于版式中的标题

字体名称	字体笔画特点	情感特征	适用场合
行楷	笔画厚重，转角自然朴实	有很强的现代感	适用于标题
魏碑	笔画苍劲有力，图案效果强	大气而有气势	一般不直接用于正文，用于有文化内涵的标题
美术字（综艺体、琥珀体等）	或方正坚实，或圆润活泼	个性化特色明显	适用标题以活跃版面
Arial	笔形粗壮有力	朴素端庄，美术效果强	常用于标题
Roman	类似中文宋体	清秀、明快	常用于正文

2. 图像美学

图像是多媒体画面的主体，在图像处理中融入美学设计思想，使图像具有美感和丰富的表现力，能给人们留下深刻的印象。为了提高图像的美感，可以从图像的真实性、图像的情调、图像的构图和色彩构成等方面考虑。在美学意义上，图像表现为对人心灵自由的追求和对人存在的美学追问。采用可见的、可感觉的形象，或者象征诗意的意境等来表示人们的认识范围。

3. 动画美学

动画美学指的是受到动漫文化影响后所产生的审美倾向、品位，而不是指动画、漫画的本身。动画美学艺术是一种记录人类在虚拟实景中所创造第三人生的艺术。动画美学如同 20 世纪的抽象美学，会被应用于各种设计、建筑、工艺品和艺术创作等各方面，整体影响到生活美学的方方面面。动画美学研究的意义在于增强作者的原创能力，激发创作者自由创作的空间，拓展观赏者的想象空间。

动画美学具有 4 种特征：第一，大众流行文化存在的大量多样化的动画美学形式都围绕着对青春的崇拜，追求理想化的青春美，是动画、卡通、漫画里虚拟角色塑造的方向，这种对青春的崇拜，成为当今人们追求实现理想美的主要心理因素；第二，动画美学的艺术充满了奇异和多变的叙事文本，赋予图像一种强烈的叙述性，使得图像本身成为了表达的视觉语言，发展成超越文字语言的图式语言系统，在 21 世纪数字化的环境里，语言叙述的进行和转换，变得更为多元、有趣；第三，动画美学是由电子媒体带来充满空间的彩光，形成一种极为新颖的彩光艺术的视觉体验；第四，动画美学艺术是一种需要动用大量的财力、人力、物力，跨领域互动协作所形成的新美学，而且由此衍生出的产品种类丰富，数量庞大，涵盖民生用品、衣食住行。

第2节 色 彩

 学习目标

1. 了解色彩和光的基本概念。
2. 掌握色彩心理的表示方法。
3. 能够熟练使用色彩的对比方法。

 知识要求

一、概念

1. 色彩三要素

色彩具有三种属性，即明度、色相和饱和度，它们是色彩中最重要的三要素，也是最稳定的三要素。这三种属性虽然具有相对独立的特点，但又相互关联、相互制约。

人眼看到的任一彩色光都是明度、色相和饱和度这三个特性的综合效果，其中色相与光波的波长有直接关系，亮度、饱和度与光波的幅度有关。

（1）明度。色彩所具有的亮度和暗度被称为明度。同一物体因受光不同会产生明度上的变化。不同颜色的光，强度相同时照射同一物体也会产生不同的亮度。

如果把无色彩的黑和白作为色的两个极端，中间根据明度的顺序，等间隔地排列成若干个灰色，就成为有关明度阶段的系列，即明度系列。靠近白端为高明度色，靠近黑端为低明度色，中间部分为中明度色。

在纯正光谱中，黄色的明度最高，显得最亮；其次是橙、绿；再者是红、蓝；紫色明度最低，显得最暗。

（2）色相。色相是指色彩不同的相貌。不同波长的光波给人的感觉是不同的，将这种感受赋予一个名称，有的叫红，有的称黄……就像每个人都有自己的名字一样。波长最长的是红色，最短的是紫色。把红、橙、黄、绿、蓝、紫等色相以环状形式排列，再加上光谱中没有的红紫色，就可以形成一个封闭的环状循环，从而构成色相环，如彩图2所示。

（3）饱和度。用数值表示色的鲜艳或鲜明的程度称之为彩度，彩度指波长的单纯程度，也就是色彩的鲜艳度，亦称饱和度。一种色掺进了其他的成分，彩度就将变低。凡是有彩度的色必有相应的色相感，有彩度感的色都称为彩色。

有彩色的各种色都具有彩度值，无彩色时彩度值为0，对于有彩色时彩度（纯度）有高低之分，区别方法是根据这种色中含灰色的程度来计算。有彩色的划分方法是，选出一个纯度较高的色相，如大红，再找一个明度与之相等的中性灰色（灰色是由白与黑混合出来的），然后将大红与灰色直接混合，混合出从大红到灰色的彩度依次递减的彩度序列，得出高彩色度、中彩色度和低彩色度。色彩中红色、橙色、黄色、绿色、蓝色和紫色等基本色相的彩度最高。彩度由于色相的不同而不同，而且即使是相同的色相，因为明度的不同，彩度也会随之变化。

除波长的单纯程度影响彩度之外，眼睛对不同波长光辐射的敏感度也影响着色彩的彩度。视觉对红色光波的感觉最敏感，因此彩度显得特别高，而对绿色光波的感觉就相对迟钝，所以绿色相对的彩度就低。一个颜色的彩度高并不等于明度就高，即色相的彩度与明度并不成正比。色相的明度、饱和度对应见表2—2—1。

表2—2—1 色相的明度、饱和度对应表

色相	明度	饱和度	色相	明度	饱和度
红	4	14	蓝绿	5	6
黄橙	6	12	蓝	4	8
黄	8	12	蓝紫	3	12
黄绿	7	10	紫	4	12
绿	5	8	紫红	4	12

2. 光的振幅作用

光是一种电磁波，波动的能量与振幅的平方成正比。所谓的光强度其实就是单位面积接收到的波的能量，因此光的振幅决定能量的强弱。

3. 光进入视觉的三种方式

光是产生色彩感知的首要条件，有光才会有色。光波介入人的视觉有三种方式：直射、反射和透射，其中反射是视觉感官接受光刺激的最主要形式。

（1）直射。是指光源直接进入我们的眼睛，直射光在传播过程中不受外界干扰，保持光源本色，如日光、灯光等。

（2）反射。是指光源发出的光波投射到物体表面后，一部分被物体吸收，另一部分被反射进入我们的眼睛，这就是被反射的光波，如物体色。

（3）透射。是指光源穿过透明或半透明物体后进入我们的眼睛。如有色玻璃、琉璃器的色彩等。

二、色彩心理

1. 色彩的性格

色彩的直接感觉是指色彩的物理刺激直接导致的心理体验。观看者对色彩产生的心理感受，主要是由色彩联想导致的。观看者是通过色彩联想到与该色彩相关的经验以及该经验的属性，如情感、象征和感觉等。色彩的心理效应见表2—2—2。

表2—2—2　　　　　　　　　　　色彩的心理效应

颜色	直接联想	象征意义
红	太阳、旗帜、火、血	热情、奔放、喜庆、幸福、活力、危险
橙	柑橘、秋叶、灯光	金秋、欢喜、丰收、温暖、嫉妒、警告
黄	光线、迎春花、梨、香蕉	光明、快活、希望
绿	森林、草原、青山	和平、生机盎然、新鲜、可行
蓝	天空、海洋	希望、理智、平静、忧郁、深远
紫	葡萄、丁香花	高贵、庄重、神秘
黑	夜晚、没有灯光的房间	严肃、刚直、恐怖
白	雪景、纸张	纯洁、神圣、光明
灰	乌云、路面、静物	平凡、朴素、默默无闻、谦虚

2. 色彩与感觉

色彩的冷暖是人体本身的经验习惯赋予的一种感觉，不是用温度来衡量的。对于大多数人来说，橘红、黄色以及红色一端的色系总是和温暖、热烈等相联系，因而称之为暖色调；而蓝色系则和平静、安逸、凉快相连，被称之为冷色调，如彩图3所示。

（1）暖色调。在色相环中，我们把红、橙、黄定为暖色，红橙色被定为最暖色。暖色调给人以温暖的感觉，在心理上暖色调主要给人活泼、愉快和兴奋的感受，以及膨胀、亲近和依偎的感觉。

（2）冷色调。在色相环中，我们把蓝绿、蓝紫定义为冷色，蓝绿色被定为最冷色。冷色调是给人以凉爽的感觉，在心理上冷色调主要给人安静、沉稳、踏实的感受，以及镇静、收缩、遥远的感觉。

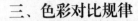
三、色彩对比规律

1. 色彩混合

色彩混合就是把两种或者两种以上的颜色混合在一起，构成与原来不同的新色称为色彩混合。将其归纳为三大类：加色混合、减色混合和中性混合。

2. 加色混合

加色混合是由于色光混合时增加光量，即将不同光源的辐射光投射到一起合成的新色光。其特点是把各种色的明度相加，混合的成分越多，混色的明度就越高。加色混合的三原色即指光的三原色。将朱红、翠绿、蓝紫这三种色光作适当比例的混合，大体上可以得到全部的色。朱红和翠绿混合成黄，翠绿与蓝紫混合成蓝绿，蓝紫与朱红混合成紫。将黄、蓝绿、紫三种色再次混合可得到白色光，如彩图4所示。

当不同色相的两种色光混合成白色光时，相混的双方可称为互补色光。有彩色光可以被无彩色光冲淡并变亮，如红光与白光相遇，所得的光是更加明亮的粉红色光。加色混合一般用于舞台照明和摄影。

3. 减色混合

减色混合通常是指物质的吸收性色彩的混合。其特点是与加色混合恰恰相反，混合后的色彩在明度、纯度上较之最初的任何一色都有所下降，混合的成分越多，混色就越暗浊。减色混合分颜料混合和叠色两种。

（1）颜料混合。颜料混合的三原色是品红、柠檬黄、湖蓝，将这三种色做适当比例的混合，可以得到很多色。品红与柠檬黄相混产生橙色；柠檬黄与湖蓝相混产生绿色；品红与湖蓝相混产生紫色。三原色混合则成灰黑色，如彩图5所示。当两种色彩混合产生出灰色时，这两种色彩互为补色关系。色光的三原色正好相当于物体色的三间色，而物体色的三原色又相当于色光的三间色。

平时使用的颜料、染料和涂料的混合都属于颜料混合。在绘画、设计或日常生活中碰到这类混合的机会比较多。

（2）叠色。叠色指将透明物体叠置后得到新色的方法。其特点是透明物体每重叠一次，透明度就会降低一些，透过的光量也会随之减少，叠出新色的明度肯定降低，所得新色的色相介于相叠色之间，彩度也有所下降。双方的色相差别越大，彩度下降就越多。但完全相同的色彩相叠，叠出色的彩度还是可能提高。

4. 中性混合

中性混合包括旋转混合与空间混合两种。中性混合属色光混合的一种，色相的变化同样是加色混合的一种，彩度有所下降，明度不像加色混合那样越混合越亮，也不像减色混合那样越混合越暗，而是混合色的平均明度，因此称为中性混合。

（1）旋转混合。在不同圆形转盘上贴上几块色纸，通过快速旋转圆盘使颜色混合，称之为旋转混合，或者可以把两种或多种色置于一个圆盘上，通过动力使其快速旋转而看的新色彩也称为旋转混合。颜色旋转混合效果在色相方面与加色混合的规律相似，但在明度上却是相混各色的平均值。

（2）空间混合。将两种或两种以上不同的颜色并置在一起，通过一定的空间距离，在人视觉内达成的混合，即它们在视网膜上的投影小到一定程度时，这些不同的颜色会同时刺激到视网膜上非常邻近部位的感光细胞，以致眼睛很难将它们独立地分辨出来，就会在视觉中产生色彩的混合，这种混合称空间混合，又称并置混合。这种混合与加色混合和减色混合的不同点在于其颜色本身并没有真正混合，但它必须借助一定的空间距离来完成，如彩图 6 所示。

5. 色彩联想

色彩的联想与平时生活的经验密切相关，当人们看到某一色时，时常会由该色联想到与其有关联的其他事物，这些事物可以是具体的物体，也可以是抽象的概念，如红色，既可以联想到具体的事物如太阳、火焰、红旗和鲜花等，也可以产生抽象的联想如革命、激昂和热情等。

色彩联想有很多的形式，如从色彩联想到空间、从色彩联想到事物的温度、从色彩联想到事物的质量等。

同样的空间环境中，不同的色彩会使人们产生不同的空间感，一般暖色系让人们联想的空间要略小一些，而冷色系使人们联想的空间要稍微大一些，例如，红色、粉红色和橙色等颜色装饰的房间，容易给人一种空间上的压缩感；蓝色、淡绿色装饰的房间，给人的联想空间略大一些。

从色彩联想到温度，是人们比较熟悉的一个问题，色彩系列分为暖色和冷色，这本身的含义就让人产生温度方面的联想。

6. 色彩对比

色彩对比指两种或两种以上的色彩放在一起时，由于相互影响而显示出差别的现象。

色彩对比的规律是，在暖色调的环境中，冷色调的主体醒目；在冷色调的环境中，暖色调主体最突出。色彩对比除了冷暖对比之外，还有色相对比、明度对比和饱和度对比等。

在摄影中，色彩对比有色相对比、明度对比、纯度对比、补色对比、冷暖对比、面积对比、黑白灰对比、同时对比、空间效果对比和空间混合对比等。

第3节 构 图

 学习目标

1. 了解构图的概念和基本作用。

2. 掌握造型的基本要素。

3. 能够熟练掌握平面构成的基本形式法则及摄影摄像中的构图艺术。

 知识要求

一、概述

1. 构图的作用

构图，实际上是一个外来语，意译为构成、结构和联系，在中国画的理论中也称为"布局""章法"等。构图是以对事物进行分解、组合为主线来研究形态的再创造，即将自然界中的现象、规律进行理性的概括抽象。摄影构图就是为了表现画面的主题思想，而对画面上的人或物及其陪体、环境做出恰当的、合理的和舒适的安排，并运用艺术的技巧、技术手段强化或削弱画面上某些部分，最终达到使主题形象突出，主体和陪体之间的布局多样统一，照片画面疏密有致，以及结构均衡的艺术效果，使主题思想得到充分、完美的表现。

不论是平面还是摄影，构图都非常的重要，特别是在起步阶段，构图的重要性无可比拟。只有经过精心的构图，才能将构思中的主体加以强调、突出，舍弃一些杂乱的，无关紧要的景和物，并恰当地选择陪体和环境，从而使作品达到比你在现实生活中所看到的景象更为集中，更完美。

2. 平面构成的形式

（1）重复与近似

1）重复构成。重复，就是相同的物体再次或多次出现。重复构成是同一基本形有规律的反复排列组合，是一种有秩序的美。其中有简单重复构成和多元重复构成两种，如图2—3—1所示。

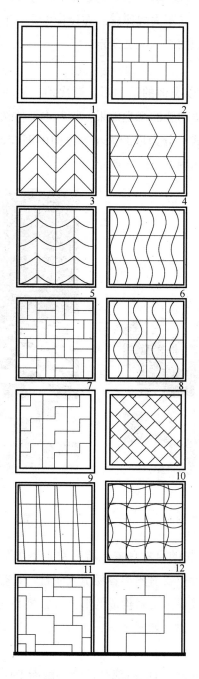

图 2—3—1 重复构成

2）近似构成。近似是在重复基础上的轻度变异，它没有重复那样严谨规律，但比重复更生动、更活泼、更丰富，又不失规律感。在设计中，一般采用基本形体之间的相加或相减来求得近似的基本形，如图2—3—2所示。

（2）渐变与发射

1）渐变构成。渐变，是以类似的基本形，渐次地、循环渐进地逐步变化，呈现一种自然和谐的秩序，产生富有律动感的视觉效果，把基本形体按大小、方向、虚实和色彩等关系进行渐次变化排列的形式。分为形的大小、方向的渐变、形状的渐变、疏密的渐变、虚实的渐变和色彩的渐变，如图2—3—3所示。

图2—3—2　近似构成

图2—3—3　渐变构成

2）发射构成。发射是常见的自然现象，所有发光体都发射光芒。由于发射是一种熟悉的常见现象，因此，在设计中发射图形容易引人注目，具有较强的动感及节奏感，有着强烈的吸引力和极好的视觉效果。发射构成的形式有：离心式发射、向心式发射、同心式发射、移心式发射和多心式发射，如图2—3—4所示。

（3）对比构成

1）空间对比。空间，即画面的留白部分，这是画面上所不能缺乏的，合理的空白处理，不但能增强其深度感，还能使版面条理更清晰，主体更突出，并能给观者留下遐想的空间。

2）聚散对比。聚散对比与空间对比有着密切的关联，既体现了形象与空间的关系，也包含了形象与形象的关系。密集的图形与松散的空间所形成的对比关系，是设计中必须处理好的关系之一。

3）大小对比。大小对比，即形状大小之间的对比，只涉及形象与形象的关系。这种对比关系比较容易表现出主次关系。在设计中，常将主要内容和比较突出的形象处理的大一些，次要形象处理的小一些，以此衬托主要形象。

图2—3—4　发射构成

4）曲直对比。曲直对比是指形象的外形和线的性质，直线能够突出刚直挺拔、庄重严肃、平静稳重的感情性格，有稳定的作用；曲线善于表现柔美优雅、富有弹性和运动感的感情性格，能增加活力和动感。

5）方向对比。凡是带有长度的形象均具有方向性，当形象带有倾斜度时方向就发生了强烈的变化，而方向的变化使画面产生明显的运动性，既增强了动感，又使形象更突出。

6）明暗对比。明暗关系是任何作品都必不可少的重要因素，准确的明暗关系，丰富的明暗层次，有利于主体的突出。

（4）空间构成。利用透视学中的视点、灭点和视平线等原理所求得的平面上的空间形态就叫空间构成，如图2—3—5所示。空间构成中有点的疏密形成的立体空间、线的变化形成的立体空间、重叠而形成的空间、透视法则形成的空间（以透视法则中近大远小、近实远虚等关系来进行表现的）、矛盾空间（错觉空间）的构成（以变动立体空间的视点、灭点而构成的不合理空间，其中"反转空间"是矛盾空间的重要表现形式之一）。

（5）特异构成。在一种较为有规律的形态中进行小部分的变异，以突破某种较为规范的、单调的构成形式，特异构成的因素有形状、大小、位置、方向及色彩等，局部变化的比例不能变化过大，否则会影响整体与局部变化的对比效果，如图2—3—6所示。

（6）肌理构成。肌理指客观自然物所具有的表面形态，是各种物体性质表面特征，不同物质的表面有着不同的纹理，给人的感觉也不同，有干、湿、粗糙、细腻、软和硬、规律和无规律，有光泽和无光泽等。适当合理的运用肌理效果，能起到装饰、丰富设计的作用。

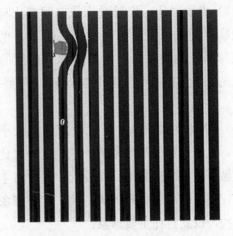

图2—3—5 空间构成　　　　　　　　图2—3—6 特异构成

3. 形式美基本法则

（1）平衡。平衡是指从视觉上反映到心理的一种心理活动，即通过视觉在心理上所达到的一种力的平衡状态。

1）对称。对称就是以中轴线或中心点为基准，在大小、形状和排列上具有同形同量的相反的对应关系，它具有稳定与统一的美感。对称体现出来的是一种平衡美，一方面是为了视觉上的平衡感，另一方面是人的心理总是自觉的追求一种稳定而安全的感觉。

2）打破对称的平衡。通过对形象大小、位置的精心配置、重组得到预想的平衡，可以表现出有动感的空间。均衡是从运动规律中升华出来的美的形式法则，轴或支点两侧形成不等形，但是心理上均等，重力上稳定。均衡具有变化的活泼感，均衡的法则使作品形式于稳定中富于变化，因而显得生动活泼。

（2）对比。对比是将不同的质或量形成的强和弱、大和小等相反的东西放置在一起，产生区别和差异。对比就是应用变化原理，使一些可比成分的对立特征更加明显，更加强烈，让不同的因素在对抗矛盾中相互吸引、相互衬托，这种现象会在人的心理产生强烈的刺激美感。艺术形式中的对比因素很多，如大小、远近、曲直、方圆、黑白、明暗、疏密、虚实和开合等。

（3）调和。调和就是和谐，是构成画面的各种要素之间的关系，能够适合、安定和谐一致的配合，在视觉上给人以美感。调和就是各个部分或因素之间相互协调，就是可比因素存在某种共性、近似性或调和的配比关系。

（4）节奏。由节奏而产生的美感，即为韵律。节奏和韵律犹如一对孪生姐妹，互相依存。一般认为节奏带有一定程度的机械美，而韵律又在节奏变化中产生无穷的情趣，如植物枝叶的对生、轮生、互生，各种物象由大到小、由粗到细、由密到疏，不仅体现了节奏变化的伸展，也是韵律关系在物象变化中的升华。

节奏存在于现实的许多事物当中，比如人的呼吸、心脏跳动、四季与昼夜的交替等，节奏本来是表示时间上有秩序的连续重现，如音乐的节奏。在艺术作品中，节奏指一些形态要素的有条理、有规律的反复呈现，使人在视觉上感受到动态的连续性，从而在心理上产生节奏感。

（5）变异。在自然界中人们习惯于欣赏有秩序美的形式，而变异是反常规的美，这种违反秩序的形式虽然不是主流，但却是对旧秩序的一种突破，颇具新意。在相同性质的形象中，有个别异质性的形象，便会打破原有的单调格局，会使设计更活跃、更丰富和更有趣味，而异质形象则在整体中最具动感、最引人注目、易成为视觉焦点。

二、造型的基本要素

1. 平面构成中的基本造型元素

世界万物，千姿百态，无论是大自然的，还是人工的，都有一个共同的特点，即任何形态均具有内在和外在轮廓。将形态分解、提炼、概括，得到平面构成形态的最基本元素：点、线、面。正因为有了点、线、面的组合构成，再与色彩交织，才构造了整个形态世界。

（1）点。点的概念从设计上来说，画面中极小的形状就是点。点可以构成一条线，一个平面，也可以构成一个立体，如图2—3—7所示。点作为最简单的几何概念，通常作为几何、物理、矢量图形和其他领域中最基本的组成部分。点成线，线成面，点是几何中最基本的组成部分。在通常的意义下，点被看成零维对象，线被看成一维对象，面被看成二维对象。

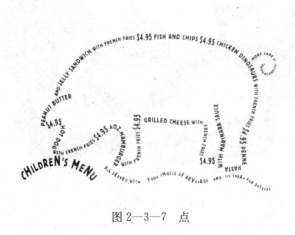

图2—3—7 点

（2）线。线是点运动的轨迹，又是面运动的起点。在几何学中，线只具有位置和长度，而在形态学中，线还具有宽度、形状、色彩和肌理等造型元素，如图2—3—8所示。

从线性上讲，线包括整齐端正的几何线，还包括徒手画的自由线。物象本身并不存在线，面的转折形成了线，形式由线来界定的，即轮廓线，它是对物质的一种概括性的表现形式。

（3）面。面是线移动的轨迹，面具有长、宽两维空间，没有厚度。直线的平行移动为方形、直线的回转移动为圆形、直线和弧线结合运动形成不规则形，因此面即是"形"，如图2—3—9所示。在形态学中，面同样具有大小、形状、色彩和肌理等造型元素，同时面又是"形象"的呈现。

图2—3—8 线

图2—3—9 面

2. 构图中线条形式特征

线条是客观事物存在的一种外在形式，它制约着物体的表面形状，每一个存在着的物体都有自己的外沿轮廓形状，都呈现出一定线条组合。由于人们在长期的生活中对各种物体的外沿轮廓线及运动物体的线条变化有了深刻的印象和经验，所以反过来，通过一定线条的组合，人们就能联想到某种物体的形态和运动。因此，所有造型艺术都非常重视线条的概括力和表现力，它是造型艺术的重要语言。

用垂直线条来表现英雄形象和工业建设场景，这样有助于烘托形象高大、雄伟、向上和挺拔的艺术效果，突出人物的精神面貌和场景的巍峨气势。

用横向线条来表现群众活动场面、农业生产和山水风光等内容作品，以强调画面的辽阔、舒展和秀美宁静的气氛。

用倾斜线条来表现动体的体育活动、舞蹈等对那些需要加强画面结构的变化和刻画生产活泼形象的作品。

3. 构图中主体位置特征

所谓主体就是拍摄时关注的主要对象，它可以是一个人或某一物体，也可以是一群人或一组对象，它是构图的主要成分。作为主体一般应具有两个基本条件：即它是画面所表现内容的主要体现者；它是画面结构中心。说它是内容的主要体现者，是因为它是事物的主要构成成分，它集中人们的思想，使人们领悟事物内容的作用。如果没有主体，就像人们说话没中心意思一样，不知所云，令人感到索然无味。说它是画面结构的中心，是因为它是画面结构的依据，并有集中观赏者视线的作用。

在确定主体的画面位置前，应根据主体的形体特征来确定画幅的选择。当主体的形体特征为横窄竖高时，如主体是纪念碑、塔、人物全身像等，应使用竖幅构图以突出主体；当主体的形体特征为横宽竖窄时，如主体是曲折的河流、绵延不断的山脉、躺倒的人物全身像等，宜使用横幅构图以突出主体。另外还有方形画幅，这种画幅给人以工整、淳朴和轻松大气之感，但它对画面中垂直与水平均不起强调作用。

构图时把主体放在画面中哪个位置上，没有一个固定的格式，但是在处理上主体一定要鲜明突出。主题思想不同，构图立意不同，主体的安排也不同。主体安排在画面的什么位置，代表着摄影者的审美观点和独特的"眼力"。只要能够吸引观众的主要或全部注意力，使他们把视线集中到画面主体上来，就达到了妥善安排主体的目的，就是把主体安排到了最佳位置。

三、摄影摄像中的构图艺术

1. 画面构图的基本形式元素

摄影的画面构图，就是把要拍摄的客观对象有机地安排在照片画幅里，使它产生一定的艺术形式，把摄影者的意图和观念表达出来。画面构图包括照片给观者的总体视觉印象、被摄主体在画幅中再现、被摄主体在画幅中所处的位置、照片画幅的长宽比例、被摄体之间的相互关系、透视与空间深度的处理、影像清晰与模糊程度的控制、影调与线条的运用、色彩的配置和气氛的渲染等。

要想对画面进行美妙的构图，则摄影画面中必须具备一定的元素，摄影者要对这些画面元素进行正确的区分、主次定位和表达，这样画面的整体构图才会更有力度。

（1）重点突出主体。一幅摄影作品的画面大体可以分为 4 个部分：主体、陪体、环境和留白。主体是摄影者用以表达主题思想的主要部分，是画面结构的中心，是画面的趣味点所在，应占据显著位置。主体可以是一个对象，也可以是一组对象。一般来说，突出主体的方法有两种：一种是直接突出主体，让被摄主体充满画面，再配合适当的光线和拍摄手法，使之引人注目；另一种是间接表现主体，就是通过对环境的渲染，烘托主体，这时的主体不一定要占据画面的大部分面积，但会占据比较醒目的位置。

突出主体的具体方法有以下 8 种：

1）以特写的方式来表现、突出主体；

2）将主体配置在前景中，这样不仅能够突出主体，还能为画面摄取更多的元素；

3）利用影调或者色调，与主体有鲜明的对比，如用背景来衬托主体；

4）利用明亮的光线来强调主体；

5）虚化背景，进一步突出主体；

6）利用汇聚线等具有指向性意义的客体来向主体汇聚，起到一定的视觉指向性；

7）把主体设置在画面中心或者稍稍偏左或偏右的位置；

8）利用一定的拍摄角度来突出表现主体。

（2）陪体。陪体是指在画面上与主体构成一定的情节，帮助表达主体的特征和内涵的对象。如果有陪体的衬托，整幅画面的视觉语言会更加生动、活泼。但在利用陪体来对主体进行修饰的过程中，要注意以下几点：

1）陪体主要是用来深化主体内涵的，在表现的过程中，千万不要喧宾夺主，主次不分。

2）处理好陪体，实质上就是要处理好情节，在陪体的选择上，要注意其是否对主体起到一定的积极作用，千万不能生搬硬套，游离于主体之外，使画面失去原有的意义。

3）陪体也有直接表达和间接表达两种表达方式，有时陪体不一定要在画面中表现出来，在画外同样可以与主体一起构造画面情节。

2. 前景在画面构图中的作用

在摄影中情节起着烘托的作用，以加强主题思想的表现力。作为环境组成部分的对象是处于主体前面的，我们称之为前景。

前景处在主体前面，靠近相机位置，它们的特点是成像大，色调深，大都处于画面的边缘，前景通常运用的物体是树木、花草，也可以是人和物。陪体也可以同时是前景。

（1）利用一些富有季节性和地方特征的花草树木做前景，渲染季节气氛和地方色彩，使画面具有浓郁的生活气息。用春天的桃花、迎春花做前景既交代季节性，又使画面充满春意；用菊花、红叶做前景，使画面洋溢秋色；用冰挂、雪枝做前景，北国冬日的景象如在眼前，仿佛亲临其境。拍摄海南风光，用椰树、芭蕉做前景，富有南国情调。

（2）前景用来加强画面的空间感和透视感。镜头有意靠近某些人或物，利用其成像大，色调深的特点，与远处景物形成明显的形体大小对比和色调深浅对比，以调动人们的视觉去感受画面的空间距离，使人感觉不再是平面。有经验的摄影者在拍摄展示空间场面的内容时，总力求找到适当的前景来强调近大远小的透视感，而且常常利用前景与远景中同类景物，如人、树、山等。由于远近不同，在画面上所占面积相差越大，则调动人们的视觉来想象空间的吸引力就越强，纵深轴线的感受就越鲜明。

（3）突出画面内容的概括力。在表现一些内容丰富、复杂的事物时，有意将所要表现的事物中最有特征的部分放置在前景位置上，是加强突出画面内容的一个重要手段。

（4）运用前景与背景景物做内容上的对比，来完成摄影艺术常用的对比手法，形成令人深思的主题。

（5）前景给予人们一种主观的地位感。加强画面的地位感，如门、窗、建筑物等鲜明特征的景物做前景，让其在画面上占有较大的位置，给观众以心理上的影响，无形中就会缩短观众与画面之间的距离，产生一种身临其境的亲切感，增加画面的艺术感染力。

（6）前景的运用可增加画面的装饰美。一些有规则排列的物体，以及一些具有图案形状的物体，使画面像装饰了一个精美的画框或花边一样增加了美感，使得画面生动活泼。

（7）前景有均衡画面的作用。在画面上发现空缺不均衡时，比如天空无云显得单调，可用下垂的枝叶置于上方，弥补画面不足之处；画面下方压不住，上重下轻时，可用山石、栏杆做前景，色调深使画面压住阵脚，达到稳定、均衡的效果。

3. 构图中常用主体位置安排

（1）基本构图

1）水平式构图。主体呈一字形排列在一个水平面上。此图具有平静、安宁、舒适和稳定等特点，常用于表现平静广阔的场面构图等。

2）垂直式构图。主体呈上下竖立排列，垂直于水平面。此图能充分显示景物的高大和深度，常用于表现竖直线形组成的画面。

3）圆形构图。主体处于中心位置，而四周景物朝中心集中的构图形式。此图能将人的视线强烈引向主体中心，并起到聚集的作用，具有突出主体的鲜明特点。

4）S形构图。画面上的景物呈S形曲线的构图形式。此图具有延长、变化的特点，使人看上去有韵律感，产生优美、雅致和协调的感觉。

5）对角线构图。把主体安排在对角线上。此图能有效利用画面对角线的长度，同时也能使陪体与主体发生直接关系，富于动感，显得活泼。同时，容易产生线条的汇聚趋势，吸引人的视线，达到突出主体的效果。

6）三角形构图。以三个视觉中心为景物的主要位置来构图，其中斜三角形较为常用。此图具有安定、均衡和灵活等特点。

（2）优美构图的一般规律：黄金分割。如何使画面构图更优美是有规律可循的，黄金分割就是对线的分割比例的经典范例。将一张图片横竖各分成三等分，这样在图片上就形成了一个"井"字形，而这个"井"字有四个交汇点，称其为黄金点，四条线我们称其为黄金线。在摄影时我们一般有意识地将被摄主体安排在黄金点和黄金线上，会收到较好的视觉效果。

4. 突出画面主体的对比方式

（1）明暗对比。明暗对比是摄影创作中最常见的一种对比手法，直接影响着画面的整体效果。利用明暗对比的手法，一般处理方式是将最亮的部分作为主体，放在画面的中心或显要位置。如拍摄珠峰，利用早晨照在峰顶的第一缕阳光，其余部分因没有阳光而处在暗影中，强烈地突出了主体，很好地表现了珠峰的立体感、质感和空间感。

（2）色彩对比。绿叶衬红花的美学价值大家都能领会到。这不仅因为绿叶与红花在形体上有差别，主要还在于绿叶与红花在色彩上的差别构成了强烈的色彩对比。

在人像摄影中，处理好被摄者的衣裤、鞋帽的色彩关系，处理好衣色与肤色的关系，处理好人物与景物的色彩关系，对于提高作品的艺术感染力是大有益处的。

拍摄青山绿树，如没有暖色调加以对比，其照片的视觉效果很容易偏于平淡。如果在碧绿葱葱的山林画面中加进几枝红叶作前景，或加进几个衣着暖色服装的游人位于山林画面之中，其照片的感染力就会大大增强。

（3）形体对比。利用多个被摄体之间的内在形体关系，造成某种对比，能起到突出主体的作用。如将一个矮个子放在高个子人群中拍摄，可以使矮个子突出；将一个高个子放入矮个子人群中拍摄，可使高个子突出。

在同一距离中，也可以通过被摄体大小的不同来表现某种意境。如拍摄儿童与成人进行力量性的抗争时，通过两人大小的差别可以表现儿童不畏强大，敢于拼搏的性格。

（4）虚实对比。拍人物近照，背景虚化、人物保持一定清晰度，这样可使人物不受景物的干扰，从而突出了人物。

把人物放入虚化的前景进行拍照，还可以产生虚幻般的效果。

拍摄运动物体时，配用相对的慢门进行追拍，可使运动体本身清晰，背景模糊，这样既突出了主体，又增强了作品的运动感。相反，用静止的相机拍摄运动体，背景清晰，运动体（主体）模糊，也有强烈的动感。

5. 画面构图中陪体作用

陪体在画面上与主体构成一定的情节，是帮助表达主体的特征和内涵的对象，起到陪衬的作用，如鲜花旁边陪衬的小草。

一个画面上有主体和陪体，作为陪体它们与主体组成情节，对深化主体内涵，帮助说明主体的特征起着重要作用。陪体使画面的视觉语言更加的准确生动。

陪体的作用如下：

（1）加深主体的内涵。通过陪体的衬托和表达加深主体的内涵。

（2）在画面上处理好陪体，实质上就是处理好情节。陪体的选择能用来刻画人物的性格，说明事件的特征，突出事件的典型性。

（3）画面陪体的安排必须以不削弱主体为原则，不能喧宾夺主，陪体在画面所占面积大小、色调的安排、线条的走向、人物的神情动作，都要与主体配合紧密，息息相关，不能游离于主体之外。

（4）陪体的处理也有直接和间接之分，有些陪体与主体构成情节的对象不在画面之中，而在画面之外。画面上主体的动作神情与画面以外的某一对象有联系，这一对象虽然没有表现在画面之上，却一定会出现在观赏者的想象之中。

思 考 题

1. 什么是美学？

2. 色彩三要素有哪些？

3. 色彩的对比规律有哪些？

4. 构图的作用是什么？

5. 平面构图的基本形式法则有哪些？

第 3 章

素材的制作

第1节 加工音频素材

学习目标

1. 了解声音的概念、基本参数以及音频素材的常见类型。

2. 掌握用 GoldWave 进行简单的音频素材处理的基本技能。

3. 能够熟练进行音量调整、音频文件长度设置、淡入淡出效果处理、音频片段编辑和左右声道合成等处理。

操作环境

GoldWave 5.58 中文版

知识要求

一、音频概述

1. 声音的概念和基本参数

声音是振动的波，是随时间连续变化的物理量。声音有 3 个重要的特性：

（1）振幅。波的高低幅度，表示声音的强弱。

（2）周期。两个相邻波之间的时间间隔。

（3）频率。波在每秒钟振动的次数，以赫兹（Hz）为单位。

通常把频率小于 20 Hz 的信号称为亚音信号（或称为次音信号）；频率范围为 20 Hz～20 kHz 的信号称为音频信号；频率范围为 300～3 000 Hz 的信号称为话音信号；高于 20 kHz 的信号称为超音频信号（或称超声波信号）。

2. 音频素材的常见类型

（1）音乐。音乐是通过组织声音所塑造的听觉形象来表达创作者的思想感情，反映社会现实生活，使欣赏者在享受美的同时也潜移默化地受到艺术的熏陶。

音乐是人们抒发感情、表现感情、寄托感情的艺术，不论是唱、奏或听，都包含及关联着人们千丝万缕的情感因素。音乐给人以美感，通过美感给人以精神愉快，来达到心怡情悦的目的。

（2）音效。音效是由声音所制造的效果。音效可以分为自然界的声音及人为创造的声音。自然音效包括风、雨、流水和鸟鸣声等；人为创造的声音如电铃、汽车和马达声等。

在各种音频素材中，音效扮演着极其重要的角色。几段音乐就可以表达哀伤的气氛或者紧张的情节，而马蹄声、火车声等效果音更能助长情绪。音效除了能加强喜、怒、哀、乐的衬托外，还可以借音效交代时代、时间、人物身份及地点等。

（3）语音。语音是人类调节呼吸器官所产生的气流通过发音器官时发出的声音。气流通过的部位、方式不同，形成的声音也就不同。

每个人声带的宽窄、厚薄和长短都不一样，说话声音的高低也不相同。小孩的声带短而薄，因此声音又高又尖。成年后，男子喉腔比儿时增大 3/2 倍左右，声带也随之变厚变长，声音较原来降低八度左右；成年后，女子喉腔只比儿时增大 1/3 左右，声带也比男子短薄，声音比原来降低三度左右。

3. 音频文件格式

多媒体采用的数字音频需要以文件格式存储于存储介质中。

（1）波形音频文件（WAV/AIFF）。波形音频文件是直接表达声波的一种数字形式。

WAV 文件是微软公司开发的一种波形音频文件，扩展名为".wav"，用于保存 Windows 平台音频信息资源。WAV 格式支持多种压缩算法和多种量化位数，声音表现力很好且解码方便，但数据量较大。

AIFF 文件是苹果平台上的标准音频格式，与 WAV 文件相似。

（2）CD 格式（CDA）。标准 CD 光盘文件，扩展名为".cda"，其文件数据量较大，音质好。一个 CD 音频文件是一个 CDA 文件，其长度为 44 字节，但这只是一个索引信息，并不是真正的声音信息，故不能直接复制 CDA 文件到硬盘播放，需要使用 CD 抓轨软件把 CD 格式转换为其他格式。

（3）MIDI 格式。MIDI（Musical Instrument Digital Interface，乐器数字接口）是数字音乐/电子合成乐器统一交流的协议和国际标准，扩展名为".midi"。

MIDI 格式文件记录的不是声音本身的波形数据，而是将声音的特征用数字形式记录下来，其特点是文件数据量很小，采用专用设备进行回放时效果极佳，但只能用以记录乐曲。

（4）压缩音频格式。压缩音频格式是采用某种压缩算法进行存储的音频格式，分为有损压缩和无损压缩。

1）MP3。MP3 是最流行的一种有损压缩音频格式，其压缩比可达 12∶1。

2）WMA。WMA 是微软公司推出的一种流式文件，其压缩比可达 18∶1，因其支持音频流技术，非常适合在网络上在线播放。

3）OGG VOBIS（OGG）。OGG VOBIS 采用比 MP3 更先进的声学模型来减少音频损失，因此同样位速率编码的 OGG 文件比 MP3 文件效果更好一些。

4）APE。APE 是一种无损压缩格式。APE 文件被用作网络音频文件传输，在互联网上可见一些音频 CD 的 APE 版本下载，下载者可直接回放高品质的声音或将下载的文件转压成 CD。

5）FLAC。FLAC 是一种无损压缩格式，是完全开放和免费的无损音频压缩格式，是一种能获得硬件支持的无损压缩编码。

4. GoldWave 简介

GoldWave 是一款优秀的数字音乐编辑器软件，是一个集声音播放、录制、编辑和转换于一体的多轨音频编辑软件，其编辑功能包括：剪辑、合成多个声音素材、制作回声、混响、改变音调和音量、频率均衡控制、音量自由控制以及声道编辑等。

启动 GoldWave 软件，显示如图 3—1—1 所示的界面，工作界面分为主界面和控制器两部分。

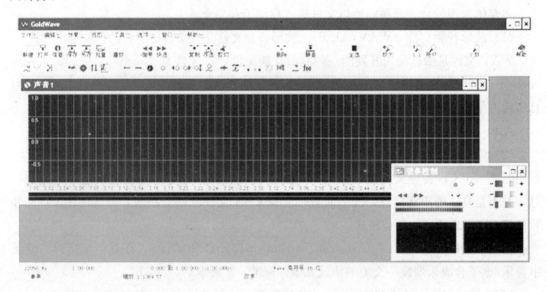

图 3—1—1　GoldWave 启动后的界面

主界面用于加工和处理音频文件，自上而下分别是菜单栏（用于文件及其他编辑操作）、工具栏（工具按钮用于编辑和制作特效）、左右声道（主要编辑区）、坐标轴（时间轴）、状态栏（提示当前编辑的时间宽度和采样频率）等。左右声道以波形图的形式显示当前编辑的声音，可方便选取相应的区段进行编辑。

控制器用于随时监听音频文件处理的效果，不具备编辑功能，不能改变当前编辑的音频文件。

5. 音频文件的创建与保存

单击工具栏上的"新建"按钮，或者选择"文件"→"新建"命令，打开如图 3—1—2 所示的对话框。单击快速设置按钮，自动设置适当的属性，或者根据需要设置声道数、取样比率和初始化长度。若设置为单声道，则只有一个波形图；若设置为立体声道，则有两个波形图，上面为左声道，下面为右声道。

当需要将当前编辑的音频保存为一个新文件时，选择"文件"→"另存为"命令，然后选择存储路径、文件名、保存文件类型及保存相关文件参数属性，单击"保存"按钮即可。

如需要对一个文件进行格式转换，或采样频率、声道数等参数需要变更时，可以打开文件，然后直接通过"另存为"命令来完成转换。

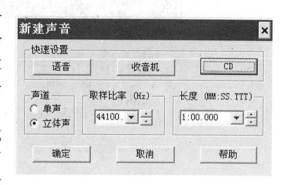

图 3—1—2 "新建声音"对话框

二、音频编辑

1. 音频长度设置

（1）录音时间设置。按下 F11 键，打开"设备控制属性"对话框，选择"录音"选项卡，如图 3—1—3 所示。在该对话框中，选择"无限"选项，则录制声音时没有时间限制。

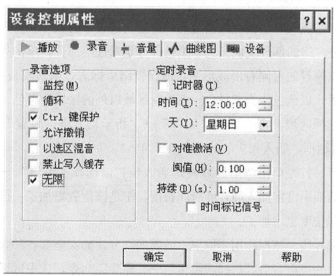

图 3—1—3 "设备控制属性"对话框

（2）音频时间调整。制作多媒体产品时，为了与画面同步，需要改变声音的长度；加工音响素材时，也需要精确地控制长度，这就需要进行时间的调整。其方法是，选定编辑区，选择"效果"→"时间偏差"命令，打开"时间偏差"对话框，如图3—1—4所示。在"速度"选项和"时间"选项二者之间任选一个，改变其数值，即可改变声音的时间长度。

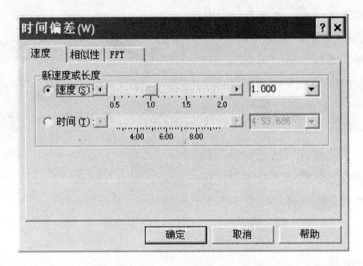

图3—1—4 "时间偏差"对话框

2.音频片断编辑方法

（1）选取音频片断。要编辑声音，首先应选中要编辑的部分，将选中的部分确定为当前的编辑区域。

在波形编辑区刚载入时是被蓝色覆盖的，这是全部选中的状态。在声音波形任意处单击，可看到单击处左边的部分变成黑色，黑色部分是未选中部分，单击处即为被选部分的起始点，在起始点位置的右侧右击波形图，即设置结束标志，则该段被确定为选中区域。编辑区域被确定后，以蓝色作为背景色，而编辑区域以外的区域为黑色。

如果要精确选择区域，可以选择"编辑"→"指示器"→"设置"命令，打开如图3—1—5所示的对话框，输入相应的起始参数即可。

（2）插入静音。首先单击波形区域确定插入位置，选择"编辑"→"插入静音"命令，在弹出的对话框中设定插入静音的时间长度，于是该位置增加了一段静音的时间，整个音频文件的时间长度也增加了。

（3）删除音频片段。该操作用于取消不需要的部分，如噪声等各种杂音以及录制时产生的口误等。选中一段声音后，选择"编辑"→"删除"命令，选中区域的声波就会被删除，整个音频文件的时间长度就减少了。

（4）剪切音频片段。选中一段声音后，选择"编辑"→"剪切"命令，选中区域的声波在原位置被删除并保存到剪贴板中，整个音频文件的时间长度就减少了。

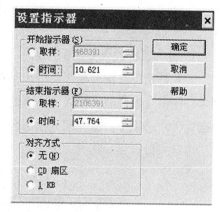

（5）复制音频片段。选中一段声音后，选择"编辑"→"复制"命令，选中区域的声波在原位置不变并保存副本到剪贴板中，整个音频文件的时间长度不变。

（6）粘贴音频片段。粘贴音频片段用于重新组合声音，将某段声音粘贴到当前声音的其他位置或者粘贴到其他声音素材中。其方法是，单击波形区

图 3—1—5　"设置指示器"对话框

域确定一个开始位置为粘贴位置，选择"编辑"→"粘贴"命令，剪贴板中的声音波形被粘贴于此，整个音频文件的时间长度增加了。

1）粘贴新建。用剪贴板中的声音波形粘贴成新的声音文件。

2）替换。用剪贴板中的声音替换编辑区域内的声音。

（7）剪裁音频片段。选中一段声音后，选择"编辑"→"剪裁"命令，选中区域的声波被留在当前文件中，而原有声音文件的其他部分被丢弃，整个音频文件的时间长度变成了剪贴板中的声波文件的时间长度。

3. 音量调整

声音素材的响度在播放时可以通过调整播放器的音量来实现，但不能改变音频素材的响度，录音时录制的声音可能过小或过大，另外在特定的场合可能需要特定响度大小的音频文件，特别是在音频合成时，伴奏的声音不能够喧宾夺主，因此需要对音频的响度大小进行调整。

选中要更改音量的声音区域，选择"效果"→"音量"→"改变"命令，如图 3—1—6 所示。更改音量数值，数字大的响度就大。

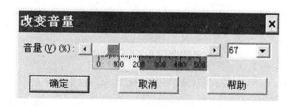

图 3—1—6　"改变音量"对话框

三、音频特效

1. 淡入淡出效果处理

淡入是指声音由弱变强，淡出是指声音由强变弱。淡入淡出多用于不同声音素材的切换，这样声音的过渡会使人觉得自然，否则忽然出现的声音会吵到听众，忽然消失的声音也会让听众感觉不舒服。淡入淡出还可以产生由远及近或由近及远的效果。

选定一段音频，选择"效果"→"音量"→"淡入"或"淡出"命令，如图3—1—7所示。

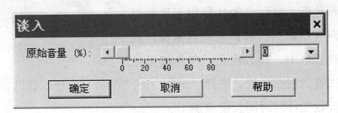

图3—1—7　"淡入"对话框

2. 音频素材混音合成

首先将要混音的音频素材复制到剪贴板，然后单击波形区域，确定一个开始位置为混音起点，选择"编辑"→"混音"命令，如图3—1—8所示。以选定的开始位置为起点，将剪贴板当中的声音与当前声波进行混合。

图3—1—8　"混音"对话框

单声道音频合成到双声道音频中时，自动变成均等的双声道。若双声道音频向单声道合成时，则把两个声道合二为一，变成单声道。

3. 音效处理

（1）添加回声。回声效果比较有趣，可以让人在室内体验到山谷里回音不绝的感觉，但制作回声最理想的对象是语音，乐曲和歌曲不宜制作回声，这是由于乐曲和歌曲比较连续，不易听出回声。其操作方法是，设置编辑区域，选择"效果"→"回声"命令，打开如图3—1—9所示的对话框。"延迟"时间设定的是回声与主音或回声与回声之间的间隔，延迟时间越长会觉得山谷越空旷，延迟时间如果小于 0.02 s 会有合唱的感觉；"音量"是回音的音量，若设置为 0 则会令人感觉是在进行二重唱。

（2）音调。音调是声音的重要参数，一般来说，女性发出的声音要高于男性，音调调节的功能，可以把女性的声音调节成男性的声音。音调的设置方法是，选择"效果"→"定调"命令，打开如图 3—1—10 所示的对话框。

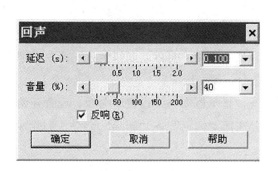

图 3—1—9　"回声"对话框

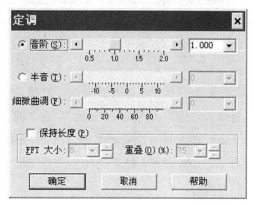

图 3—1—10　"定调"对话框

 技能训练

使用 GoldWave 加工音频素材

操作步骤

步骤 1　打开"背景音乐 . mp3"文件，将一处声音不连续的部分删除。

（1）进入 GoldWave 软件，并打开"背景音乐 . mp3"文件。"开始"→"程序"→"GoldWave"，打开"GoldWave"软件编辑界面，选择"文件"→"打开"命令，打开素材文件夹中的"背景音乐 . mp3"文件。

（2）将一处声音不连续的部分删除。将波形图放大，可看到 0～2 ms 有一段不连续的部分，如图 3—1—11 所示。右击接近 2 ms 的位置处，选中静音区域，选择"编辑"→"删除"命令，把不连续的静音部分删除。

步骤 2　将"朗诵 . wav"文件与背景音乐进行混音合成，制作成一个"配乐诗朗诵"文件，长度为 60 s。

（1）打开"朗诵 . wav"文件，复制到剪贴板。选择"文件"→"打开"命令，打开素材文件夹中的"朗诵 . wav"文件；选择"编辑"→"全选"命令，把整个朗诵选中；再选择"编辑"→"复制"命令，把"朗诵 . wav"的内容复制到剪贴板。

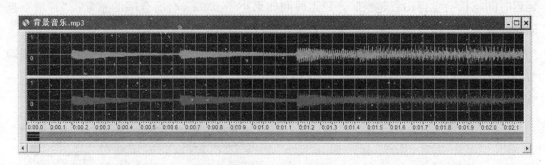

图 3—1—11 0～2 s 的波形

（2）与背景音乐混音。激活"背景音乐.mp3"，选择"编辑"→"全选"命令，把整个背景音乐选中；再选择"编辑"→"混音"命令，即完成混音。

（3）删除 60 s 之后的内容。选择"编辑"→"指示器"→"设置"命令，设置开始时间为"1：00.000"，结束时间为"1：28.477"；选择"编辑"→"删除"命令，删除 60 s 之后的内容。

步骤 3 设置开始 3 s 使用声音淡入效果，最后 3 s 使用声音淡出效果。

（1）设置开始 3 s 声音淡入效果。选择"编辑"→"指示器"→"设置"命令，设置开始时间为"0：00.000"，结束时间为"0：03.000"，选择开始的 3 s；选择"效果"→"音量"→"淡入"命令。

（2）设置最后 3 s 声音淡出效果。选择"编辑"→"指示器"→"设置"命令，设置开始时间为"0：57.000"，结束时间为"1：00.000"，选择最后的 3 s；选择"效果"→"音量"→"淡出"命令，效果如图 3—1—12 所示。

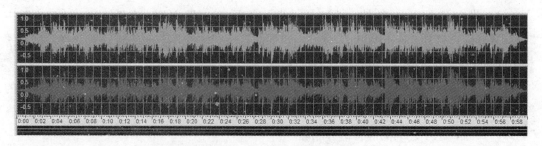

图 3—1—12 淡入淡出后的效果

步骤 4 在 60 s 之后把"左.mp3"作为左声道，"右.mp3"作为右声道合成音频文件。

（1）将"左.mp3"放置在 60 s 之后的左声道。选择"文件"→"打开"命令，打开素材文件夹中的"左.mp3"文件；选择"编辑"→"全选"命令，把所有的内容选中；

再选择"编辑"→"复制"命令，把选中的内容复制到剪贴板；激活"背景音乐.mp3"文件，选择"编辑"→"指示器"→"设置"命令，设置开始时间为"1：00.000"，结束时间为"1：00.000"；选择"编辑"→"声道"→"左"命令，把该音频的左声道激活；最后选择"编辑"→"粘贴"命令，把剪贴板中的内容放置在左声道。

（2）将"右.mp3"放置在 60 s 之后的右声道。参照（1）的方法，实现此操作。

步骤 5　把 60 s 之后的左声道的音量调节为原来的 200%。

（1）选中 60 s 之后的所有内容。选择"编辑"→"声道"→"左"命令，激活左声道；选择"编辑"→"指示器"→"设置"命令，设置开始时间为"1：00.000"，结束时间为"1：31.922"，选择 60 s 以后的所有内容。

（2）将左声道选中的内容音量调节为原来的 200%。选择"效果"→"音量"→"改变"命令，在打开的"改变音量"对话框中，把音量改为 200。

步骤 6　保存文件，文件名为：学生姓名（MP3 格式，22 050 Hz，立体声，160 kbps）。

选择"文件"→"另存为"命令，在打开的"另存为"对话框中，选择保存类型为MP3 格式、文件属性为"22 050 Hz，立体声，160 kbps"，单击"保存"按钮即可。

第 2 节　加 工 图 像 素 材

 学习目标

1. 了解图形、图像及分辨率的基本概念。

2. 掌握使用 Photoshop 添加文字、编辑和修改文字样式、图像调色及变换、抠图与滤镜的基本操作。

3. 能够熟练使用基本工具与图像编辑进行图像处理。

 **操作环境**

Photoshop CS5 中文版

 知识要求

一、图像处理基础知识

1. 图像与图形

计算机通过屏幕显示图像通常有两种表示方法，即点阵图像（位图）和矢量图形。

点阵图是由许多的像素点组成，每个点的单位称为"像素"。它的特点是有固定的分辨率，图像细腻平滑，清晰度高，但图像占用存储空间较大，一般需要进行数据压缩。当扩大或缩小点阵图时，由于像素点的扩大或点阵图中像素点数目的减少，会使点阵图的图像质量变差，图像参差不齐、模糊不清。

矢量图又称为向量图。它是一种描述性的图形，是由具有方向和长度的矢量线段构成一幅画面的所有直线、圆、圆弧、矩形和曲线等的位置、维数和大小。例如，一个圆，只要记下它的圆心和半径，这个圆就确定了。矢量图与图像的分辨率无关，可以随意扩大或缩小图像，而图像的质量不会变差。矢量图的文件较小，但描述精细影像时很困难，因此矢量图适用于以线条定位物体为主的对象。

2. 分辨率和颜色深度

（1）分辨率。分辨率是和图像相关的一个重要概念，它是衡量图像细节表现力的技术参数。

1）图像分辨率。图像分辨率用于确定组成一幅图像的像素数目，是组成一幅图像的像素密度的度量方法。这种分辨率有多种衡量方法，典型的是以每英寸的像素数（PPI）来衡量。图像分辨率和图像尺寸值一起决定文件的大小及输出质量，图像分辨率越大，图像文件所占用的磁盘空间也就越多。如果保持图像尺寸不变，将图像分辨率提高1倍，则其文件大小增大为原来的4倍。

2）扫描分辨率。扫描分辨率是指在扫描一幅图像之前所设定的分辨率，它将影响所生成的图像文件的质量和使用性能，它决定图像将以何种方式显示或打印。

3）屏幕分辨率。屏幕分辨率是指在某一显示模式下计算机屏幕上最大的显示区域，以水平和垂直像素来衡量。屏幕分辨率越高，在屏幕上显示的内容元素越多，但尺寸比较小。

4）设备分辨率。设备分辨率又称输出分辨率，指的是各类输出设备每英寸上可产生的点数，如喷墨打印机、绘图仪的分辨率。

（2）颜色深度。颜色深度表示每一像素的颜色值所占的二进制位数。颜色深度越大则能表示的颜色数目越多。

1）单色图像。单色图像中每个像素点仅占一位，其值只有 0 或 1，0 代表黑、1 代表白，或 0 代表白、1 代表黑。

2）灰度图像。灰度图像的存储文件中带有图像颜色表，此颜色表共有 256 项，图像颜色表中每一项均由红、绿、蓝颜色组成，并且红、绿、蓝颜色分量值都相等。灰度图像中的每个像素的像素值用一个字节表示，每个像素可以是 0~255 的任何值。

3）伪彩色图像。伪彩色图像的存储文件中带有图像颜色表，图像颜色表中的红、绿、蓝颜色分量值不全相等。伪彩色图像包括 16 色和 256 色。

4）24 位真彩色图像。具有全彩色照片表达能力的图像为 24 位彩色图像，24 位真彩色图像存储文件中不带有图像颜色表，图像中每一个像素由 R、G、B 三个分量组成，每个分量各占 8 位，每个像素需 24 位。

3. 颜色模式

颜色模式是将某种颜色表现为数字形式的模型，分为 RGB 模式（面向监视器和彩色摄像机等）、CMYK 模式（面向印刷工业中打印机和印刷机）、YUV 模式（又称 YCrCb，面向电视信号传输）和 YIQ（面向彩色广播电视系统）。

（1）RGB 颜色模式。一个能发出光源的物体称为有源物体，它所呈现出来的颜色是由它发出的一定范围的可见光波决定的。任何一种颜色都可以用红、绿、蓝三种颜色不同波长强度组合而得。显示器利用阴极射线管中的 3 个电子枪分别产生红、绿和蓝三种波长的光，并以各自不同的比例相加混合以产生特定的颜色，如彩图 7 所示。

（2）CMYK 模式。一个不发光波的物体称为无源物体，它所呈现出来的颜色是由它吸收或反射哪些光波决定的。任何一种颜色都可以用三种基本颜料按一定比例混合得到，如彩图 8 所示。这三种颜色是青、品红、黄，由于彩色墨水和颜料的化学特性，用等量的三种基本颜色得到的黑色不是真正的黑色，因此在印刷中常加黑色颜料，即为 CMYK 模式。

（3）YUV 颜色模式。在 RGB 模式中用 3 个字节来分别表示一个像素中的 RGB 的发光强度数值，但对于视频捕获和编解码等来说，这种表示方式数据量太大。在不影响效果的情况下，对原始数据的表示方式进行更改，以减少数据量，提高传输速率，这样便有了 YUV 模式。在 YUV 模式中，Y 表示明亮度，U 和 V 表示色度和浓度，作用是描述影像色彩及饱和度，用于指定像素的颜色。YUV 颜色模式利用了人眼对亮度信号敏感而对色度信号相对不敏感的特点，将亮度信号 Y 和色度信号 U 和 V 分离。

（4）YIQ 颜色模式。YIQ 颜色模式中的 Y 是指颜色的亮度，I 和 Q 是指色调，即描述图像色彩和饱和度的属性。I 和 Q 两个分量携带颜色信息，I 分量代表从橙色到青色的颜色变化，Q 分量代表从紫色到黄绿色的颜色变化。

二、基本操作

1. 新建画布方法

创建新的画布是通过"新建"命令来完成的，选择"文件"→"新建"命令，打开"新建"对话框，如图3—2—1所示。在"预设"下拉列表框中可以选择各种预设的标准图像尺寸，如800×600像素、1 024×768像素、A4、B4等；如果要自定义画布的尺寸，可在"宽度"和"高度"下拉列表框中选择单位，然后在数值输入框中输入画布的宽度和高度即可。

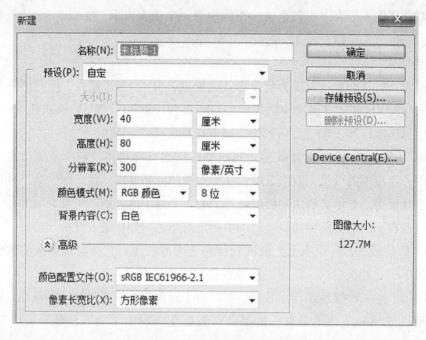

图3—2—1 "新建"对话框

2. 文件恢复的方式

Photoshop中想要恢复已经编辑过但尚未存储的图像文件到初始状态，可以选择"文件"→"恢复"命令或按F12键完成。

3. 图像的显示比例与操作方法

利用工具箱中的放大镜工具 、"视图"菜单中的相关命令选项或"导航器"面板，都可以根据实际需要放大或缩小图像在窗口中的显示。

（1）放大镜工具

1）选定放大镜工具后，在图像窗口中单击，可将图像进行放大显示。

2）选定放大镜工具后，按住 Alt 键的同时在图像窗口中单击，可将图像进行缩小显示。

3）选定放大镜工具后，在图像窗口中双击，可将图像显示比例还原为100%。

4）选定放大镜工具后，在图像窗口中拖放出一个区域，可将选定区域放大至整个窗口。

（2）"视图"菜单中的相关命令选项。在"视图"菜单中有 5 个命令选项用于改变图像的显示比例。"放大"命令用于放大图像；"缩小"命令用于缩小图像；"按屏幕大小缩放"命令用于满屏显示；"实际像素"命令用于按实际像素大小显示；"打印尺寸"命令用于将图像调整为打印尺寸。

（3）"导航器"面板。选择"窗口"→"导航器"命令，打开"导航器"面板，如图3—2—2所示。利用"导航器"面板来改变图像的显示比例，改变时只需将光标定位在"导航器"面板的滑块上左右拖动即可。

图3—2—2　"导航器"面板

4. 图像的保存与转换

用户所创建的文件只有通过存储才能永久地保存下来，选择"文件"→"存储"命令可对图像进行保存；选择"文件"→"存储为"命令可对图像进行格式转换，如图3—2—3所示。

三、基本工具与图像编辑

1. 选择类工具

选择类工具包括规则类选择工具、不规则类选择工具和色彩范围工具，如图3—2—4所示。

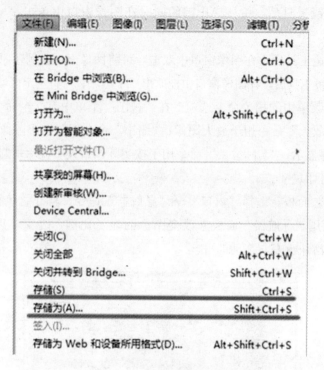

图3—2—3 图像的保存与转换

图3—2—4 选择类工具

（1）创建简单规则选区。要进行规则的范围选取，在工具箱中选定"矩形选框工具"可以建立矩形或正方形选区；"椭圆选框工具"可以建立椭圆或圆形选区；"单行选框工具"建立高为1像素的选区；"单列选框工具"建立宽为1像素的选区。

（2）创建复杂不规则选区。建立不规则选区可以使用"套索工具""魔棒工具"和"色彩范围"命令。利用"套索工具"可以选择不规则的图形；使用"多边形套索工具"可以选择不规则形状的多边形；使用"磁性套索工具"可以方便、快速、准确地选取范围区域；利用"魔棒工具"可以选择颜色相同或相近的区域；选择"选择"→"色彩范围"命令，打开"色彩范围"对话框，如图3—2—5所示，进行特定颜色范围的选取，通过指定其他颜色来增加或减少选区。

图 3—2—5　"色彩范围"对话框

2. 移动工具

在操作过程中，使用移动工具可以移动选中的对象。选择移动工具的同时按下 Alt 键，可以实现复制功能，如图 3—2—6 所示。

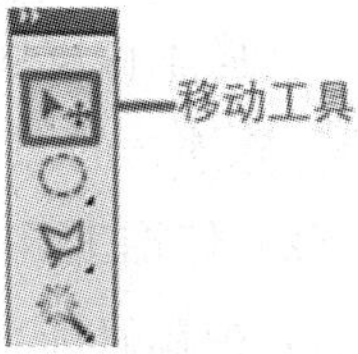

3. 裁切工具

裁切工具是利用"遮罩式"裁切法把一幅图像中需要的部分保留下来，将不需要的图像区域裁切掉。使用裁切工具时，形成的裁切框上共有 8 个可控制的节点。拖动节点可调整裁剪区域的大小；将光标定位在裁剪区域外侧，拖动光标可旋转裁剪区域，如图 3—2—7 所示。

图 3—2—6　移动工具

4. 形状工具

使用形状工具，如图 3—2—8 所示，可以绘制出各种标准形状和系统预置的自定义形状。使用矩形工具，可以很方便地绘制出矩形；按住 Shift 键同时在画面上拖拉，可以绘制出正方形。

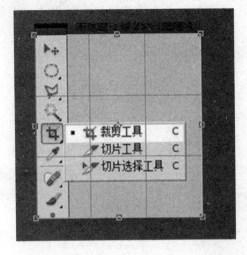

图3—2—7　裁切工具

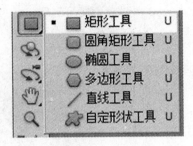

图3—2—8　形状工具

5. 修图工具

修图工具包括污点修复画笔工具、画笔工具、仿制图章工具、橡皮擦工具、渐变工具、模糊工具和减淡工具等，如图3—2—9所示。

（1）擦除图像

1）橡皮擦工具。修改编辑区中的图像，其经过的路径都将涂上背景颜色以示擦除。

2）背景橡皮擦工具。擦除图层中同色调的图像，使其透明化。

3）魔术橡皮擦工具。擦除图层中所有相近的颜色或只擦除连续的像素颜色。

（2）修饰工具

1）模糊修饰。通过模糊工具的笔刷使图像变模糊。

2）锐化修饰。通过锐化工具使图像色彩锐化，即增大像素间的反差。

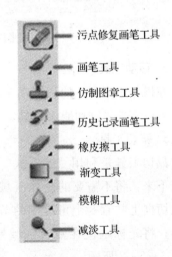

图3—2—9　修图工具

3）涂抹修饰。通过涂抹工具可以产生类似于用笔刷在未干的油墨上擦过的效果。

4）减淡修饰。通过减淡工具改变图像的曝光度。调整局部区域的图像明亮度（稍微变白），使很多图像的细节显现出来。

5）加深修饰。通过加深工具改变图像的曝光度。使局部区域的图像变暗（稍微变黑）。

6）使用海绵工具调整图像。通过海绵工具调整图像的色彩饱和度，可以提高或降低色彩的饱和度。

（3）仿制图像。仿制图章工具可以将局部的图像复制到其他地方或另一个文件中。

（4）绘制图案。图案图章工具可将系统提供的图案或用户自己定义好的图案进行复制。

（5）修复污点。污点修复画笔工具用于快速移去图像中的污点和其他不理想部分。

（6）修复图像。修复画笔工具是借用周围的像素和光源来修复图像，其涂抹过的区域与周围的区域变得浑然一体。

（7）修补图像。修补工具是根据取样区域的图像来修复目标区域中的图像，并且将取样图像与目标区域中的纹理、阴影和光等因素相匹配。

6. 图像变换与校正

选择"编辑"→"自由变化"命令或者使用"Ctrl＋T"组合键，可以对图像进行变换与校正，如图3—2—10所示。可以实现图像缩放、旋转、斜切、扭曲、透视、变形和翻转等变换操作。

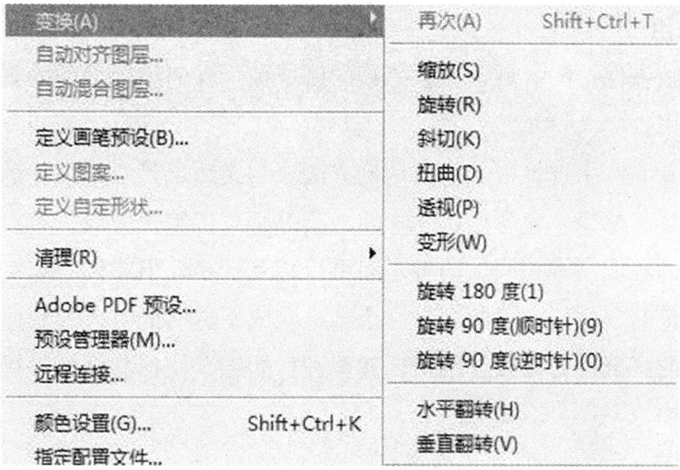

变换(A)	▶	再次(A)	Shift+Ctrl+T
自动对齐图层...		缩放(S)	
自动混合图层...		旋转(R)	
定义画笔预设(B)...		斜切(K)	
定义图案...		扭曲(D)	
定义自定形状...		透视(P)	
		变形(W)	
清理(R)	▶		
Adobe PDF 预设...		旋转 180 度(1)	
预设管理器(M)...		旋转 90 度(顺时针)(9)	
远程连接...		旋转 90 度(逆时针)(0)	
颜色设置(G)...	Shift+Ctrl+K	水平翻转(H)	
指定配置文件...		垂直翻转(V)	

图3—2—10　图像的变换和校正

四、图像处理

1. 图层的创建和编辑

用 Photoshop 制作的作品一般都是由多个图层组成。通过图层，可以将图像中各个元素分层处理和保存，从而使图像的编辑处理具有很大的弹性和操作空间。每个图层相当于一个独立的图像文件，几乎所有的命令都能对图层进行独立的编辑操作。图层的创建步骤如下。

（1）新建一个空白的图层。在"图层"面板上选择一个图层作为当前层，选择"图层"→"新建"→"图层"命令，则新创建的图层位于当前层的上面。新建的图层自动被设置为当前图层，可以在上面增加新的图像并进行编辑。

（2）通过剪贴板新建图层。如果剪贴板中有图像内容，可以直接选择"编辑"→"粘贴"命令，这时粘贴出来的图像就成为一个新图层，并位于原当前层的上面。

如果在图像窗口中定义一个选区，然后选择"图层"→"新建"→"通过拷贝的图层"命令或"通过剪切的图层"命令，这时所选区域便成为一个新的图层，且位于原当前层的上面。

（3）将背景层转换成图层或新建一个背景。如果一幅图像不包含图层，那么该图像被看成是一个背景层，背景层不能进行很多操作。如果想对背景进行一些操作，则必须通过双击背景图层，将其转换成普通图层。

如果一个图像不包含背景层，可以选择"图层"→"新建"→"背景"命令，新建一个背景层。

2. 蒙版的作用

蒙版用于遮蔽被保护的区域，让被遮蔽的区域免受任何编辑操作的影响，而只对未被遮蔽的区域起作用。

蒙版是 Photoshop 中选择区域的最精确方法，它实质上是一个独立的灰度图。任何绘图工具、编辑工具、滤镜、色彩校正和选项工具等都可以编辑蒙版。

蒙版与选区的功能基本相同，两者之间可以相互转换，但它们之间有本质的区别。选区是一个透明无色的虚框，而蒙版则是一个半透明或不透明的有色形状遮盖，可以在蒙版状态下对被遮蔽的区域进行修改、编辑，甚至进行滤镜、变形和转换等操作，然后转换为选区应用到图像中。

3. 路径的特点

路径在 Photoshop 中是由贝赛尔曲线所形成的一段闭合或者开放的曲线段。在 Photoshop 中使用路径，可以很方便地创建光滑图像选择区域、绘制光滑线条、定义画笔工具的绘制轨迹，还可以和选择区域进行相互转换。

一个路径是由多个点组成的线段或曲线。点是所有组成图形对象和线条对象的路径元素，可以通过它们的移动来改变图形和线条的形状。线段则是指存在于两个点之间的曲线部分。在 Photoshop 中有开放式路径和封闭式路径两种，终点与始点连接的路径称为封闭式路径，终点与始点没有连接的路径称为开放式路径。

4. 滤镜的运用

滤镜是一种植入 Photoshop 的外挂功能模块，是一种开放式的程序，它是众多图像处理软件为进行图像特殊效果处理而设计的系统处理接口。通常，把 Photoshop 内部自身附带的滤镜称为内置滤镜，把第三方厂商开发的滤镜称为外挂滤镜。

使用滤镜可以优化印刷图像、优化 Web 图像、提高工作效率、实现创意效果等。配合滤镜，可使设计工作如虎添翼，以难以置信的简单方法来实现惊人的效果。

Photoshop 的滤镜功能是通过如图 3—2—11 所示的"滤镜"菜单来实现的。在使用滤镜的时候，应注意以下事项：

（1）针对所选择的区域进行处理。如果没有选定区域，则对整个图像做处理；如果只选中某一层或某一通道，则只对当前的层或通道起作用。

（2）滤镜的处理效果以像素为单位，即相同的参数处理不同分辨率的图像，效果会不同。

（3）使用滤镜前，若对选取的范围进行羽化处理能减少突兀感。

（4）"滤镜"菜单中"上次滤镜操作"命令会记录上一次滤镜的使用情况，以方便重复执行。

（5）如果要撤销或恢复滤镜应用效果，可以使用"编辑"菜单中的"还原"命令。

（6）在 RGB 模式下，可以对图像使用全部的滤镜，但对文字的处理需要使用"栅格化"命令先将文字图层转换为普通图层后才能使用滤镜。

（7）上一次使用的滤镜会出现在"滤镜"菜单的顶部，单击该命令或按"Ctrl＋F"组合键可快速地重复使用同一个滤镜。

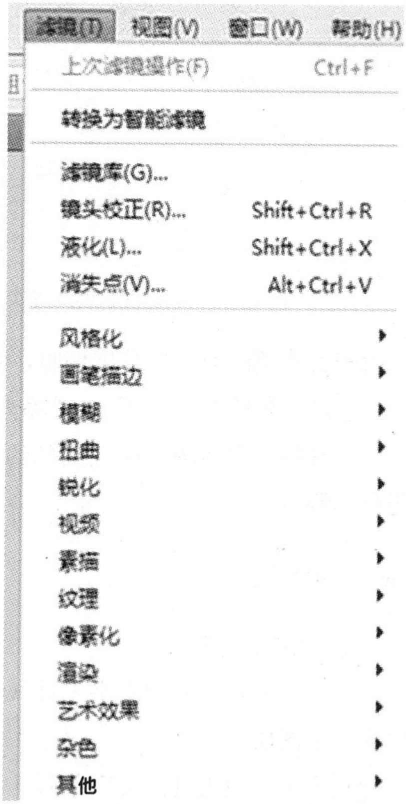

图 3—2—11　滤镜的运用

五、图像色彩处理

1. 色彩模式种类

色彩模式是描述颜色的方法，常见的颜色模式包括 RGB 颜色、CMYK 颜色和 Lab 颜色等，如图 3—2—12 所示。在计算机图像处理中，常用一些不同的色彩模式来定义色彩，不同的色彩模式所定义的颜色范围不同，使用方法也各有特点。这些色彩模式描述图像时所用的数据位数是不同的，位数大的色彩模式占用的存储空间较大。

2. 色彩调整的基本步骤

对于图像设计来说，创建完美的色彩是非常重要的，只有有效地控制图像的色彩和色调才能制作出完美的作品。

色彩调整的过程中，先通过"窗口"→"直方图"命令，打开"直方图"面板（见图3—2—13）来查看、评价图像。

图3—2—12 色彩模式种类   图3—2—13 "直方图"面板

由于某些原因使图像整体偏暗，曝光不足；或者图像整体偏白，曝光过度。选择"亮度/对比度""色阶""曲线"或"曝光度"命令进行色调调节，如图3—2—14所示。

由于某些原因使图像存在偏色的现象。选择"色相/饱和度"和"色彩平衡"等命令进行色彩调整。

六、创建文字

1. 创建文字的工具

（1）文字工具。利用文字工具（见图3—2—15）可在图像中添加横排或直排的文字，并建立文字图层。

（2）文字蒙版工具。文字蒙版工具（见图3—2—16）在图像中添加水平或垂直的文字选区，但不会新建文字图层以保存文字内容，因而一旦建立文字选区之后，文字内容将再也不能编辑。

2. 添加文字

（1）点文字与文字图层。点文字的创建只要使用文字工具在图像中单击即可，这样输入的文字独立成行，不会自动换行，换行需按 Enter 键。

文字图层是用文字工具建立的图层，这种图层含有文字内容和文字格式，以单独的方式存放于文件中，并且可以反复修改和编辑。

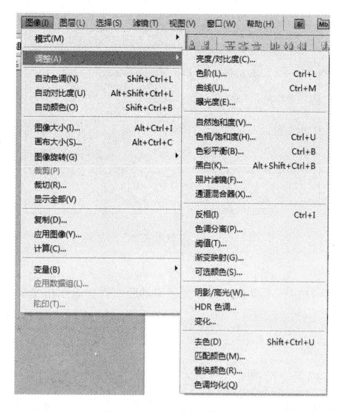

图 3—2—14   色调的调整

横排文字工具   T
直排文字工具   T

横排文字蒙版工具   T
直排文字蒙版工具   T

图 3—2—15   文字工具 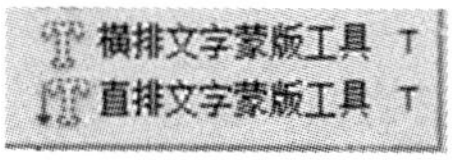   图 3—2—16   文字蒙版工具

（2）段落文字与文本框。段落文字的创建需要使用文字工具在图像中按住鼠标左键拖出一个文本框，随后文本框中的插入点不断闪动等待输入文字。当输入的文字到达文本框边界时，可自动换行，当缩放文本框时，框内的文字会根据文本框的大小自动调整。如果文本框无法容纳所有的文本，文本框的右下角会显示"＋"标记。

（3）变形文字。选择"图层"→"文字"→"文字变形"命令，打开"变形文字"对话框，如图 3—2—17 所示。在该对话框中选择不同的样式可以将方形的文字或段落转换为扇形、下弧、上弧、拱形、凸起、贝壳、花冠、旗帜、波浪、鱼形、增加、鱼眼、膨胀、挤压和扭转等艺术效果。

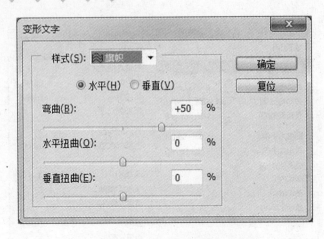

图3—2—17 "变形文字"对话框

3. 编辑文字

（1）修改文字属性。在工具箱中选择文字工具后，就会显示出文字工具选项栏，如图3—2—18所示。

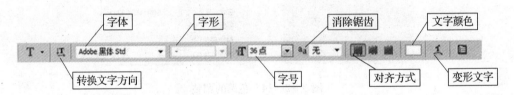

图3—2—18 文字工具选项栏

在选项栏中可以将横向文字转化为竖向的文字，设置字体的类型、大小，字体的对齐效果，字体的颜色和字体的变形等。也可以设置消除锯齿的方法，在选项栏中可以选择如何消除文字的边缘锯齿，其中"无"，不消除锯齿，对于很小的文字，消除锯齿后会使文字模糊；"锐化"，使文字边缘锐化；"犀利"，消除锯齿，使文字边缘清晰；"浑厚"，稍过度地消除锯齿；"平滑"，产生平滑的效果。

（2）更改文字方向。可以在任意时刻改变现有文字图层的文字排列方向。在图层面板中选中需要改变排列方向的文字图层，选择"图层"→"文字"→"水平｜垂直"命令，即可将选中文字图层设置为指定的排列方向。

（3）设置文字和段落属性。选择"窗口"→"字符"命令，打开"字符"面板，设置字符格式，如图3—2—19所示。

选择"窗口"→"段落"命令，打开"段落"面板，设置段落的对齐方式、左右缩进等段落格式，如图3—2—20所示。

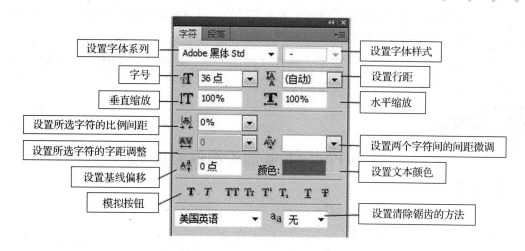

图 3—2—19 "字符" 面板

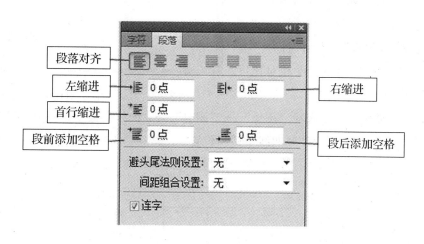

图 3—2—20 "段落" 面板

4. 转换文字图层

（1）转化为普通图层。文字图层是一种比较特殊的图层，在这种图层上不能进行着色和绘图，许多命令都不能在文字图层上使用，如果要使用这些命令必须先将文字图层转换成为普通图层。选择文字层后，选择"图层"→"栅格化"→"文字"命令，即可将文字图层转换成普通图层。

（2）转化为形状。在图层面板中选中某个文字图层，选择"图层"→"文字"→"转换为形状"命令，即可将选中的文字图层转换为一个形状图层，并将原图层中的文字轮廓作为新图层上的剪贴路径。

（3）将文字创建为工作路径。建立文字工作路径，可以对路径进行编辑，产生一些特殊的变形，从而制作出文字特效。

在图层面板中选中某个文字图层，选择"图层"→"文字"→"创建工作路径"命令，即可根据选中图层中的文字轮廓创建一个工作路径。

技能训练

使用 Photoshop 加工图像素材

操作步骤

步骤1 调整图像亮度和对比度。

（1）打开"pic121.jpg"文件。选择"文件"→"打开"命令，打开要加工的"pic121.jpg"图像，如彩图9所示。

（2）调整亮度。选择"图像"→"调整"→"亮度/对比度"命令，打开"亮度/对比度"对话框，调整亮度和对比度的数值，如图3—2—21所示。

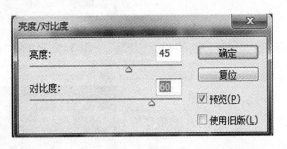

图3—2—21 "亮度/对比度"对话框

（3）进一步调整亮度。选择"图像"→"调整"→"曲线"命令，打开"曲线"对话框，参照如图3—2—22所示调整曲线至适当位置。

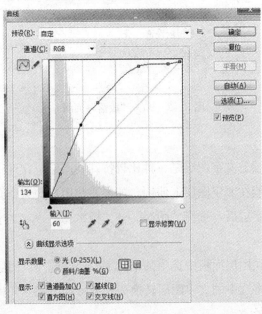

图3—2—22 "曲线"对话框

步骤 2 调整图像曝光度和饱和度。

(1) 调整图像曝光度。选择"图像"→"调整"→"曝光度"命令，打开"曝光度"对话框，如图 3—2—23 所示，调整曝光度数值与灰度系数以校正数值。

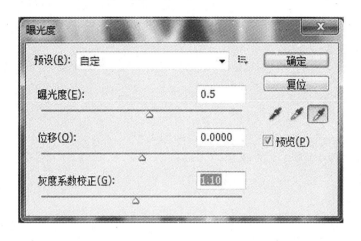

图 3—2—23 "曝光度"对话框

(2) 调整图像的自然饱和度。选择"图像"→"调整"→"自然饱和度"命令，打开"自然饱和度"对话框，如图 3—2—24 所示，调整自然饱和度数值。完成后的效果，如彩图 10 所示。

图 3—2—24 "自然饱和度"对话框

第3节 加工图形素材

 学习目标

1. 熟练掌握 Illustrator 的基本操作。
2. 熟练使用 Illustrator 的各种绘图工具绘制图形。
3. 掌握滤镜的使用方法及其效果。

 操作环境

Adobe Illustrator CS5 版

 知识要求

一、基本操作

1. 文件窗口

启动 Illustrator 软件后，新建一个文件，其窗口界面及各部分名称如图 3—3—1 所示。

在 Illustrator 窗口界面中按 F 键可实现三种屏幕模式转换，分别是：标准屏幕模式、带有菜单栏的全屏模式和全屏模式。

2. 工作图形显示模式

Illustrator 有三种工作图形显示模式，分别是轮廓、叠印预览和像素预览。系统在默认状态下，页面中的对象是以填充颜色的形式显示的，即预览形式。选择"视图"→"轮廓"命令，页面中的对象将以线框的形式显示，位图图像以矩形框的形式显示，如图 3—3—2所示。当对象以线框的形式显示时，可以加快系统的运行速度。

选择"视图"→"叠印预览"命令，页面中的对象以最为精确的显示模式进行显示，如图 3—3—3 所示。

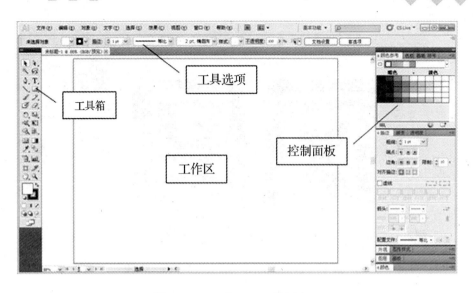

图 3—3—1　Illustrator 界面窗口

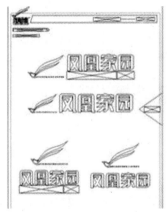
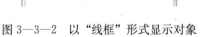

图 3—3—2　以"线框"形式显示对象

图 3—3—3　以"叠印预览"形式显示对象

选择"视图"→"像素预览"命令，可以将矢量图以显示每个像素的效果进行预览，以便在将矢量图形转换为位图图像之前对其进行必要的调整，如图 3—3—4 所示。

3. 控制面板操作

Illustrator 提供了 20 多种控制面板，它们的默认位置位于绘图窗口的最右侧，按住控制面板的名称并拖曳可以将其移动至页面中的任意位置。不同的控制面板在实际操作过程中发挥着不同的作用。如果想打开不同的控制面板，可以选择"窗口"菜单中的相应命令；按 Tab 键可以将工具箱和控制面板全部隐藏，再次按 Tab 键，可以将隐藏的工具箱

图 3—3—4 以"像素预览"形式显示对象

和控制面板再次显示；按"Shift＋Tab"组合键可只将控制面板隐藏，再次按"Shift＋Tab"组合键，可以将隐藏的控制面板再次显示。

4. 矢量文件的保存及转换

（1）矢量文件的保存。如果将打开的文件进行编辑修改后，想以新的文件名进行保存，选择"文件"→"存储为"命令，打开"存储为"对话框，如图 3—3—5 所示。

图 3—3—5 "存储为"对话框

（2）将矢量图转换为位图。可以将矢量图转换成位图，然后再进行效果处理。使用"选择工具"选择要转换的对象，选择"对象"→"栅格化"命令，打开"栅格化"对话框，如图3—3—6所示。其中，颜色模型可以设置转换成位图的模式，包括"CMYK""灰度"和"位图"；分辨率可以设置转换成位图的分辨率，由此来决定转换后位图的清晰程度。

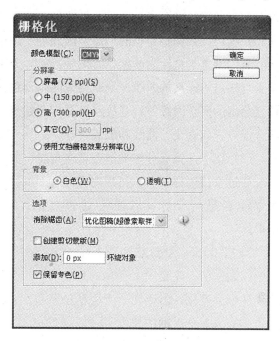

图3—3—6　"栅格化"对话框

二、基本绘图

1. 画笔的种类

画笔可使路径的外观具有不同的风格。可以将画笔应用于现有的路径，也可以在绘制路径的同时使用画笔描边。Illustrator提供了5种画笔类型：书法画笔、散布画笔、艺术画笔、图案画笔和毛刷画笔，如图3—3—7所示。

（1）书法画笔。创建的描边类似于使用带拐角尖的书法钢笔绘制的描边以及沿路径中心绘制的描边。

（2）散布画笔。将一个对象（如一只小虫或一片树叶）的许多副本沿着路径分布。

（3）艺术画笔。可以创建一个对象或轮廓线沿着路径方向均匀展开的效果。

（4）图案画笔。绘制一种图案，该图案由沿路径重复的各个拼贴组成。图案画笔最多可以包含5种拼贴，即图案的边线、内角、外角、起点和终点。

1) 　 2) 　 3) 　 4) 　 5)

图3—3—7　画笔的种类

1) 书法画笔　2) 散布画笔　3) 艺术画笔
4) 图案画笔　5) 毛刷画笔

（5）毛刷画笔。创建具有自然画笔外观的画笔描边。

2. 钢笔工具的使用

钢笔工具是最基本和最重要的矢量绘图工具，用它可以绘制直线、曲线和任意形状的图形。

（1）路径。路径是由两个或多个锚点组成的矢量线条，在两个锚点之间组成一条线段，在一条路径中可能包含若干条线段和曲线，通过调整路径中锚点的位置及调节柄的方向和长度可以来调整路径的形态，因此利用路径工具可以绘制出任意形态的曲线或图形。

利用钢笔工具绘制的路径有两种形态，分别为开放路径和闭合路径。闭合路径是指起始点与终点相连接的曲线。绘制完成的闭合路径是没有终点的，如矩形、椭圆、多边形和任意绘制的闭合曲线等；开放路径是由起始点、中间点和终点所构成的曲线，一般不少于两个锚点，如直线、曲线和螺旋线等。

（2）锚点。锚点分为平滑点、直角点、曲线角点和复合角点，如图3—3—8所示。

通过直接选择工具，可以对路径上的每个锚点进行操作，以便得到想要的图形。

1）平滑点。平滑点两侧有两个相关联的控制手柄，改变一个手柄的角度另一个手柄也会变化，但改变一个手柄的长度并不影响另一个手柄的长度。可以通过把平滑点的一个手柄的长度拖动为0，就是把手柄的端点拖到锚点上，使其与锚点重合，来创建一个组合角点。平滑点的作用是在希望比较平滑的曲线处加平滑点，然后拖动平滑点的控制手柄来进一步控制曲线走向。

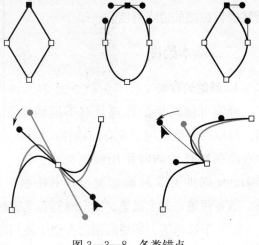

图3—3—8　各类锚点

2）直角点。两条直线的交点不存在控制手柄，只能通过改变直线的位置来调整其走向。

3）曲线角点。两条不同的曲线段在一个角交汇处的锚点称为曲线角点。这样的锚点也有两个控制手柄，但是两个控制手柄之间没有任何联系，它们分别控制曲线角点两边的两条曲线。可以在一条曲线中间加一个锚点，产生一个平滑点，然后拖动其中一个手柄时按住 Alt 键或者用转锚点类型工具，打破两个手柄的联系，这样就成功地创建一个曲线角点。

4）复合角点。该角点只有一侧有控制柄和方向点，常用于直线与曲线连接的位置，或直线与直线连接的位置。

（3）钢笔工具

1）绘制直线段。选择钢笔工具，将钢笔工具定位到所需的直线段起点并单击，以定义第一个锚点（不要拖动），再次单击希望线段结束的位置，继续单击以便为其他直线段设置锚点，如图3—3—9所示。如果要构成闭合路径，将钢笔工具定位在第一个锚点上；若要保持路径开放，按住Ctrl键并单击远离所有对象的任何位置。

2）绘制曲线段。选择钢笔工具，将钢笔工具定位到曲线的起点，并按住鼠标左键拖动以设置要创建的曲线段的倾斜度，然后松开鼠标。将钢笔工具定位到希望曲线结束的位置，如果要创建C形曲线，向远离前一条方向线的方向拖动，然后松开鼠标；若要创建S形曲线，按照与前一条方向线相同的方向拖动，然后松开鼠标。

3. **编辑基本曲线图形**

将光标放置到工具箱中的钢笔工具按钮处，按下鼠标左键不放，稍等一会系统就会弹出隐藏的工具按钮，如图3—3—10所示。它们是对绘制的路径进行编辑的一组工具，可以在任意路径上添加、删除或更改锚点的属性。

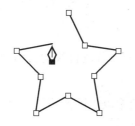
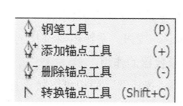

图3—3—9　绘制直线段　　　　　　图3—3—10　钢笔工具

（1）添加锚点工具。在工具箱中选择"添加锚点工具"，然后将鼠标光标移动到锚点以外的路径上单击鼠标，此时系统将会在路径上单击鼠标的位置添加一个新锚点。在直线路径上添加的是直角锚点，在曲线路径上添加的是平滑锚点。

（2）删除锚点工具。在绘图过程中，路径上可能包括多余的锚点，这时候就要用"删除锚点工具"将多余的锚点删除，删除一些锚点后就会减少路径的复杂程度，在最终图像输出时可减少输出时间。

选择"删除锚点工具"，在路径中的任意锚点上单击鼠标，即可将该锚点删除，删除锚点后的路径会自动调整状态。

（3）转换锚点工具。使用"转换锚点工具"可以改变路径中锚点的属性。在路径的平滑点上单击鼠标，可以将平滑点变为直角锚点；在直角锚点上单击的同时拖动鼠标，可以将直角锚点转化为平滑点。锚点变化后路径的形状也相应地发生变化。

4. **图形的精确移动方法**

在页面中选择需要移动的图形，然后双击工具箱中的"选择工具"按钮，系统将打开"移动"对话框，如图3—3—11所示。在对话框中设置适当的参数可以对图形进行精确的移动。

（1）"水平"和"垂直"选项。决定了选择对象在页面中的坐标值。

（2）"距离"选项。决定了选择对象在页面中所要移动的距离。

（3）"角度"选项。决定了选择对象移动的方向与水平方向之间的角度。

（4）"对象"选项。当系统对有填充图案的图形进行移动时，只有所选的对象产生移动。

（5）"图案"选项。当系统对有填充图案的图形进行移动时，只有所选的图案产生移动。

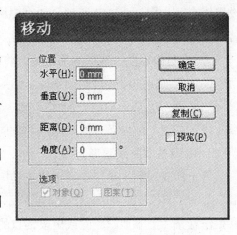

图 3—3—11 "移动"对话框

（6）"复制"按钮。系统会按对话框中当前的设置对选择对象进行移动并复制。

（7）"确定"按钮。系统将对选择的对象按当前的设置进行移动，但不产生复制。

5. 路径查找器的作用

利用"路径查找器"面板可以将选择的两个或两个以上的图形结合或分离，从而生成新的复合图形。

选择"窗口"→"路径查找器"命令，打开"路径查找器"面板，如图 3—3—12 所示。其工作原理是，首先利用选择工具在页面中选择两个或两个以上的图形，然后在"路径查找器"面板中单击相应的按钮即可完成操作。

（1）形状模式

1）联集。在页面中选择两个或两个以上的图形时，单击"联集"按钮，可以将所选择的图形进行合并，生成一个新的图形。选择图形之间的重叠部分融合为一体，重叠部分的轮廓线自动消失。

图 3—3—12 "路径查找器"面板

2）减去顶层。在页面中选择两个或两个以上的图形时，单击"减去顶层"按钮，系统将用上面的图形减去最底部的图形。上面的图形在页面中消失，最底部图形与上面图形的重叠部分被剪切掉。

3）交集。在页面中选择两个或两个以上的图形时，单击"交集"按钮，系统将只保留所选图形的重叠部分，而未重叠的区域将会被删除。执行此功能后，生成新图形的填充颜色和笔画颜色与选择图形中位于最前面的图形相同。

4）差集。在页面中选择两个或两个以上的图形时，单击"差集"按钮，系统将保留选择图形的未重叠区域，而图形的重叠区域则变为透明状态。生成新图形的填充颜色和笔画颜色由选择图形中位于最上面的图形所决定。

（2）路径查找器

1）分割。在页面中选择两个或两个以上的图形时，单击"分割"按钮，系统将以所选图形重叠部分的轮廓为分界线，将选择图形分割成多个不同的闭合图形。

2）修边。在页面中选择两个或两个以上的图形时，单击"修边"按钮，系统用所选图形中最上面的图形将下面图形被覆盖的部分剪掉，同时删除所选图形中所有的轮廓线。

3）合并。在页面中选择两个或两个以上的图形时，单击"合并"按钮，系统将所选图形中相同颜色的图形合并为一个整体，同时将所有选择图形的外轮廓线删除。但是，如果选择图形中有不同颜色的图形处于重叠状态时，执行此功能后，前面的图形会将后面图形被覆盖的部分修剪掉。

4）裁剪。在页面中选择两个或两个以上的图形时，单击"裁剪"按钮，系统将所选图形下面的图形对最上面的图形进行修剪，保留下面图形与上面图形的重叠部分，同时将所有选择图形的外轮廓线删除。

5）轮廓。在页面中选择任意的图形后，单击"轮廓"按钮，系统将选择的图形转化为轮廓线，轮廓线的颜色与原图形填充的颜色相同。

6）减去后方对象。在页面中选择两个或两个以上的图形时，单击此按钮，系统将所选图形中最前面的图形减去后面的图形。

6. 剪切蒙版的制作方法

剪切蒙版是一个可以用其形状遮盖其他图形的对象，因此使用剪切蒙版，只能看见蒙版形状内的图形。只有矢量对象可以作为剪切蒙版，但任何图形都可以被蒙版化。

制作剪切蒙版的方法是：先创建要用做蒙版的对象，此对象被称为剪贴路径，将剪贴路径移至希望遮盖的对象上面；选择剪贴路径以及希望遮盖的对象，选择"对象"→"剪切蒙版"→"建立"命令，如图3—3—13所示。

三、滤镜与效果

1. 效果的使用方法

选择对象、组、"图层"面板中定位的一个图层或"外观"面板中选择的属性，然后再选择"效果"菜单中相应的命令，如图3—3—14所示，如果出现对话框，则设置相应的选项。"效果"菜单的上半部分是矢量效果，下半部分是位图效果。

图 3—3—13 剪切蒙版

图 3—3—14 "效果"菜单

2. 滤镜与效果的区别

Illustrator 早期版本中包含效果和滤镜菜单，但最新的 Illustrator 版本只包括效果菜单。滤镜和效果之间的主要区别是：滤镜可永久修改对象或图层，而效果及其属性可随时被更改或删除。

四、创建文字

1. 文字工具

（1）文字工具的使用。使用工具箱中的文字工具（见图 3—3—15），在页面中要输入文字的位置处单击，输入的是点文字；而拖动一个区域，再输入文字得到的是段落文字。

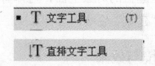

图 3—3—15 文字工具

点文字的第一行左下角有一个实点，段落文字没有实点。当拖动段落的边界时，只改变区域的大小，文字的大小不会发生改变，而拖动点文字边界时，文字的大小会被改变。旋转段落文字时，只改变文本框的形态，文字的方向不会被改变，而旋转点文字时，文字的方向会发生变化。

(2) 置入与粘贴文本

1) 置入外部文本。选择"文件"→"置入"命令，在打开的"置入"对话框中，选择需要的文本文件，如图 3—3—16 所示。被置入的文本将在指定区域内显示。

2) 粘贴复制文本。在打开的文件中将需要复制的文本选中，然后选择"编辑"→"复制"命令，切换到 Illustrator 界面，选择文字工具，在需要粘贴文本的位置处单击，选择"编辑"→"粘贴"命令即可。

(3) 区域文字工具使用。使用工具箱中的区域文字工具（见图 3—3—17），在路径内部输入水平或垂直的文字。在使用该工具输入文字时，当前页面中必须有一个处于选择状态的路径，此路径可以是开放的，也可以是闭合的。

(4) 路径文字工具使用。使用工具箱中的路径文字工具（见图 3—3—18），在页面

图 3—3—16　"置入"对话框

中输入沿路径排布的文字。在使用该工具输入文字时，当前页面中必须有一个处于选择状态的路径，此路径可以是开放的，也可以是闭合的。

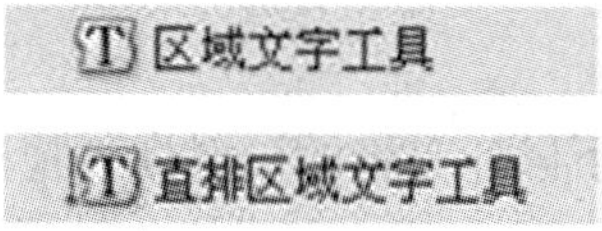

图 3—3—17　区域文字工具 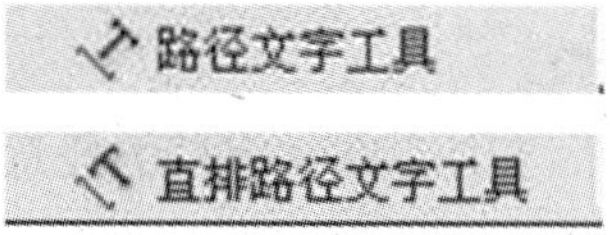　　　　图 3—3—18　路径文字工具

2. 字符及段落面板设置

(1) 文字颜色设置。文字的颜色包括填充色和笔画色（即轮廓色）两部分。在页面中选择需要改变的文字，然后在"色板"面板中单击需要的颜色块即可。如果在"色板"面板中没有需要的颜色，可以在"颜色"面板中为其调制需要的颜色。

(2) 字符面板设置。选择"窗口"→"文字"→"字符"命令，显示"字符"面板，如图 3—3—19 所示。

(3) 段落面板设置。选择"窗口"→"文字"→"段落"命令，显示"段落"面板，如图 3—3—20 所示。

图 3—3—19　"字符"面板　　　　图 3—3—20　"段落"面板

3. 文本编辑

（1）文字方向。若选择横排的文字，选择"文字"→"文字方向"→"垂直"命令，即可将选择的横排文字改变为垂直方向；若选择竖排的文字，选择"文字"→"文字方向"→"水平"命令，即可将选择的竖排文字改变为水平方向。

（2）文本块调整与链接

1）文本块调整。有时设置的文字框可能较小，不能容纳所有的文字，此时在文字框的右下角或左下角就会出现控制符号，表示此文本块中有部分文字被隐藏了，这就需要对文字框进行调整。

用"选择"工具，在文字框的任意控制点处按下鼠标左键的同时向外拖曳，对文字框进行缩放，使文字在文字框内全部显示。

用"直接选择"工具，可以将文字框调整为各种各样的形态，在调整过程中，还可以利用"添加锚点"或"删除锚点"工具在文字框上添加或删除控制点（锚点）。

2）文本块链接。当文本块中有被隐藏的文字时，除了利用"选择"工具对文本块进行调整外，还可以将隐藏的文字转移到其他的文本块中。

利用"选择"工具，选取两个文本框，选择"文字"→"串接文本"→"创建"命令，即可将隐藏的文字移动到新绘制的文本框中。

当文本块链接后，选择"文字"→"串接文本"→"移去串接文本"命令，可以取消文本块之间的链接，但被转移的文字不会再回到原来的文本块中。如果将取消链接后的文字再转移到原来的文本块中，只能使用复制的方法。

（3）文本绕图方式。在排版过程中，经常有图片和文字并存的情况。这时就要用"选择"工具，将图片和文字同时选中，然后选择"文字"→"文本绕图"→"制作"命令，文字就会围绕图形进行排布。

（4）将文字转换为图形。在页面中选取文字，然后选择"文字"→"创建轮廓"命令，即将选择的文字转化为图形。这样文字便具有了普通图形的性质，可以利用各种编辑工具和命令对其进行任意的变形和编辑，并可以对其添加各种滤镜效果。

 **技能训练**

使用 Illustrator 加工图形素材

操作步骤

步骤1　制作一个矩形按钮。

（1）绘制一个圆角矩形。选择"圆角矩形工具"，绘制一个矩形，其参数设置如图3—3—21所示。

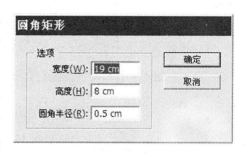

（2）为圆角矩形填充渐变色。用"选择工具"选中圆角矩形，然后选择"渐变工具"水平拖动，接下来在"渐变"面板设置两个颜色块（6%，35%，47%，0%），（15%，88%，24%，0%），其参数及效果如图3—3—22所示。

图3—3—21　矩形参数设置

（3）复制一个圆角矩形。复制已制作好的圆角矩形，将复制出的圆角矩形放置到最下层，再将它往右下方移动一点，如图3—3—23所示。

（4）为圆角矩形制作阴影。把复制出的圆角矩形填充为97%的纯色，再选择"效果"→"模糊"→"高斯模糊"命令，打开"高斯模糊"对话框进行相应的参数设置，如图3—3—24所示；在透明度面板中设

图3—3—22　渐变参数设置及效果

图3—3—23　复制后的效果

置不透明度为 80%，其设置及效果如图 3—3—25 所示。

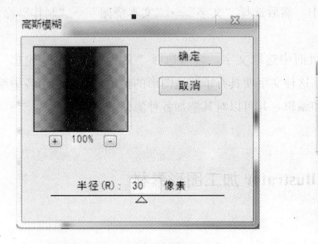

图 3—3—24　"高斯模糊"对话框　　　　图 3—3—25　不透明度设置及效果

（5）完成最终效果。仿照上面的步骤，再制作两个圆角矩形，最后叠加在一起，选择"对象"→"编组"命令，进行组合，最终效果如图 3—3—26 所示。

图 3—3—26　最终矩形按钮效果图

步骤 2　制作一个圆形按钮。

（1）绘制一个圆并填入渐变色。选择"椭圆工具"，按住 Shift 键绘制一个正圆，再用"选择工具"选中圆，然后选择"渐变工具"垂直拖动，接下来在"渐变"面板设置两个颜色块（17%，76%，63%，0%），（17%，59%，66%，0%），参数设置及效果如图 3—3—27 所示。

（2）制作三个重叠圆。将建立好的圆复制两个，填充纯色并且缩小，叠放在原来的圆之上，如图 3—3—28 所示。

（3）制作顶部高光。用钢笔工具勾绘如图 3—3—29 所示的效果，并填充渐变色（0%，24%，23%，0%），（0%，87%，63%，0%）。

图 3—3—27　渐变参数设置及效果

 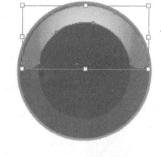 

图 3—3—28　圆的重叠效果　　　　　　图 3—3—29　渐变参数设置及效果

再用钢笔工具勾绘如图 3—3—30 所示的高光效果，并填充纯色。

（4）绘制径向渐变圆。用"椭圆工具"，按住 Shift 键绘制一个正圆，然后选择"渐变工具"作径向渐变，在"渐变"面板设置两个颜色块（0%，20%，22%，0%），（15%，94%，74%，0%），如图 3—3—31 所示。

图 3—3—30　高光效果　　　　　　图 3—3—31　径向渐变参数设置及效果

（5）制作径向渐变圆的高光。再用"椭圆工具"，绘制一个椭圆，然后选择"渐变工具"作线性渐变，在"渐变"面板设置两个颜色块（0%，0%，0%，0%），（7%，46%，37%，0%），如图 3—3—32 所示。

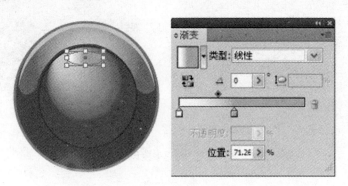

图 3—3—32　渐变参数设置及高光效果

（6）绘制图形并填充渐变色。用钢笔工具勾绘如图 3—3—33 所示的效果，并填充渐变色（0%，20%，22%，0%），（24%，100%，80%，0%）。

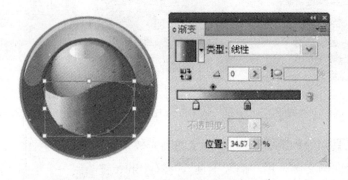

图 3—3—33　绘制图形及效果

（7）制作左侧高光。用钢笔工具绘制左侧高光，如图 3—3—34 所示，并填充渐变色（0%，0%，0%，0%），（9%，53%，15%，0%）。

（8）镜像复制左侧高光。选中制作好的左侧高光，右击高光，选择快捷菜单"变换"→"对称"命令，打开"镜像"对话框，单击"复制"按钮，如图 3—3—35 所示。调整位置即完成镜像复制命令。

（9）完成最终效果。制作阴影部分，画一个圆，放到最下面，填上接近于黑色的颜色，选择"效果"→"模糊"→"高斯模糊"命令，参数设置如图 3—3—24 所示。在透明度面板中设置不透明度为 80%，最终效果如彩图 11 所示。

图 3—3—34　左侧高光效果

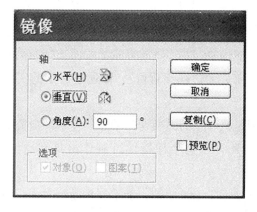

图 3—3—35　"镜像"对话框

第 4 节　加 工 动 画 素 材

 学习目标

1. 了解利用 Flash 进行简单素材加工的基本技能。

2. 掌握一些简单工具的使用方法和动画的创建步骤。

3. 能够熟练掌握使用钢笔工具及创建关键帧、元件、补间动画和形状动画等的方法。

操作环境

Flash CS 5.0 中文版

 知识要求

一、动画的基本概念

动画作为多媒体中的一个重要元素，因其生动活泼、形象直观等优点受到了人们的广泛关注和喜爱。

1. 动画的基本原理

（1）视觉暂留。1829 年，比利时物理学家约瑟夫·普拉多通过实验证明：人眼看外界的景物，留在视网膜上的印象，并不随外界景物的停止刺激而立即消失，而是保留一段时间。这种残留的视觉现象称为"视觉暂留"，而通过大量的实验表明"视觉暂留"的时间约为 50 ms。

（2）动画原理。动画是将静止的画面变为动态的艺术。由静态到动态，靠的是人眼的视觉暂留效应，利用人的这种视觉生理特性可制作出具有高度想象力和表现力的动画影片。

传统的动画影片是画师用手工绘制的，手工制作动画时，先由有经验的画师绘出关键的画面，关键画面之间的过渡画面由普通的画师来完成，手工绘制完成后逐帧拍成电影胶片，通过放映机连续播放，就完成了动画制作。计算机动画制作只需设计出关键帧，再由计算机自动完成关键帧之间的画面即可。

（3）计算机动画。动画是物体在一定时间内发生变化的过程，包括动作、位置、颜色、形状和角度等变化过程。在计算机中，用一幅幅的图像来表现一段时间内物体的变化，每一幅图像称为一帧，当这些图像以一定的顺序连续播放时，就会给人以动画的感觉。在 Web 上，以每秒 12 帧的帧频会得到最佳的效果。

2. 计算机动画的分类

计算机动画一般分为二维动画和三维动画两类。

二维动画是平面上的画面，是对传统手工动画的一个改进。通过建立和编辑关键帧，计算和生成中间帧，定义和显示运动路径，产生一些特技效果等实现画面与声音的同步。制作二维动画的代表软件是 Flash。

三维动画，又称 3D 动画。三维动画软件在计算机中首先建立一个虚拟的世界，设计师在这个虚拟的三维世界中按照要表现对象的形状尺寸建立模型和场景，再根据要求设定模型的运动轨迹、虚拟摄影机的运动和其他动画参数，最后按要求为模型赋上特定的材质，并打上灯光。当这一切完成后就可以让计算机自动运算，生成最终的画面。制作三维动画的代表软件是 3ds Max。

二、基本操作

1. Flash 工作界面

Flash 的工作界面由菜单栏、工具箱、属性面板、时间轴、舞台和浮动面板等组成，如图 3—4—1 所示。

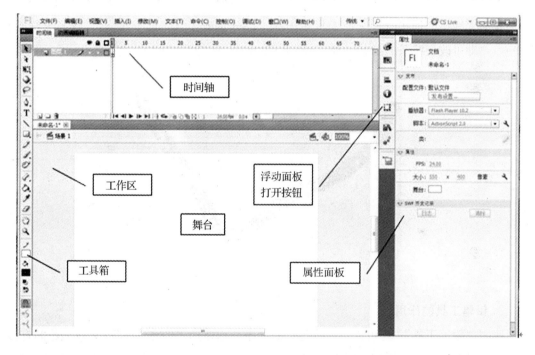

图 3—4—1　Flash 的工作界面

2. 动画影片输出的格式

Flash 是一个优秀的图形动画文件的格式转换工具，它可以将动画以 GIF、QuickTime 和 AVI 的文件格式输出，也能以帧的形式将动画插入到 Director 中（见表 3—4—1）。

三、绘图工具的使用

1. 改变线条形状

在 Flash 中绘制图形时，通常是先绘制线条以勾绘出图形的轮廓，然后为轮廓线构成的封闭区域填充颜色，从而制作出需要的图形。

表 3—4—1 动画输出格式列表

动画格式	描述
SWF	Flash 动画文件或 Flash 模板文件，采用曲线方程描述其内容，因此动画在缩放时不会失真
SPL	Future Splash 动画文件
GIF	GIF 动画文件
AVI	Windows 视频文件
MOV	QuickTime 视频文件

要改变线条的形状时，选择工具箱中的"部分选取工具" ，然后在线条上拖动任意一点，即可改变线条的形状，如图 3—4—2 所示。

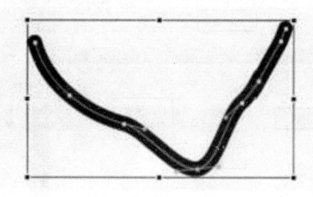

图 3—4—2 改变线条的形状

2. 铅笔工具的作用

使用"铅笔工具" 可以更自由地绘制线条，而使用"线条工具" 只能绘制直线。

在工具箱中选择"铅笔工具"，会出现"铅笔模式"附属工具选项，通过它可以修改"铅笔"工具所绘笔触的模式，如图 3—4—3 所示。

（1）伸直。可以将线条转换成直线，绘制的图形趋向平直、规整。

（2）平滑。在绘制过程中会自动将所绘图形的棱角去掉，转换成接近形状的平滑曲线，使绘制的图形趋于平滑、流畅。

（3）墨水。可随意地绘制各类线条，不对笔触进行任何修改。

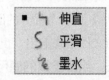

图 3—4—3 "铅笔模式"
的附属工具

3. 钢笔工具的使用

"钢笔工具"用于绘制路径，可以绘制直线或曲线段，并且可以调整直线段的角度和长度，以及曲线段的斜率。"钢笔工具"是比较灵活的形状创建工具。

（1）钢笔工具 ♦ 。绘制形状及其路径，如图 3—4—4 所示。

图 3—4—4　钢笔工具

（2）添加锚点工具 ♦ 。为图形路径添加锚点，如图 3—4—5 所示。

图 3—4—5　添加锚点工具

（3）删除锚点工具 ♦ 。为图形路径删除锚点，如图 3—4—6 所示。

图 3—4—6　删除锚点工具

（4）转换锚点工具 ▶ 。选中路径上的锚点进行拖动，可对路径进行平滑处理，如图

3—4—7 所示。

图 3—4—7　转换锚点工具

4. 喷涂工具的使用

（1）按住"刷子"工具，选择"喷涂刷工具"，如图 3—4—8 所示。

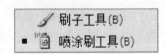

图 3—4—8　选择"喷涂刷"工具

（2）使用"喷涂刷工具"，设置其属性，在画布内按住鼠标左键并拖动创建形状，如图 3—4—9 所示。

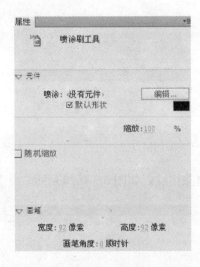

图 3—4—9　使用"喷涂刷工具"

5. 套索工具的使用

"套索工具" 🔗 用于选取多个对象或不规则区域，如图 3—4—10 所示。

6. 装饰性绘画工具的使用

"装饰性绘画工具"（Deco 工具） 🖌 可以将创建的图形形状转变为复杂的几何图案，也可以利用它制作出很多复杂的动画效果，如图 3—4—11 所示。

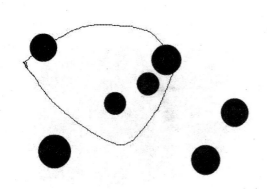

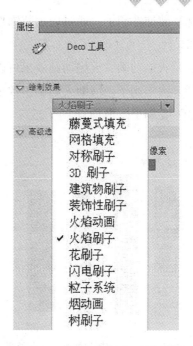

图3—4—10 "套索工具"的使用　　　　图3—4—11 "装饰性绘画工具"属性面板

（1）藤蔓式填充。利用藤蔓式填充效果，可以用藤蔓式图案填充舞台、元件或封闭区域。从库中选择的元件，可以替换叶子和花朵的插图。生成的图案将包含在影片剪辑中，而影片剪辑本身包含组成图案的元件，如图3—4—12所示。

（2）网格填充。网填充可以把基本图形元素复制，并有序地排列到整个舞台上，产生类似壁纸的效果。

（3）对称刷子。使用对称刷子效果，可以围绕中心点对称排列元件。在舞台上绘制元件时，将显示手柄，使用手柄增加元件数、添加对称内容或者修改效果，来控制对称效果。使用对称刷子效果可以创建圆形用户界面元素（如模拟钟或刻度盘仪表）和旋涡图案。

图3—4—12 藤蔓式填充效果

（4）3D刷子。通过3D刷子效果，可以在舞台上对某个元件的多个实例涂色，使其具有3D透视效果。

（5）建筑物刷子。使用建筑物刷子效果，可以在舞台上绘制建筑物。建筑物的外观取决于为建筑物属性选择的值，如图3—4—13所示。

（6）装饰性刷子。通过应用装饰性刷子效果，可以绘制装饰线，如点线、波浪线及其他线条。

（7）火焰动画。火焰动画效果可以创建程序化的逐帧火焰动画。

（8）火焰刷子。借助火焰刷子效果，可以在时间轴的当前帧的舞台上绘制火焰。

（9）花刷子。借助花刷子效果，可以在时间轴的当前帧中绘制程式化的花，如图3—4—14所示。

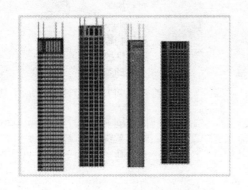

图3—4—13　建筑物刷子填充效果　　　　图3—4—14　花刷子填充效果

（10）闪电刷子。通过闪电刷子，可以创建闪电效果，而且还可以创建具有动画效果的闪电。

（11）粒子系统。使用粒子系统效果，可以创建火、烟、水、气泡及其他效果的粒子动画。

（12）烟动画。烟动画效果可以创建程序化的逐帧烟动画。

（13）树刷子。通过树刷子效果，可以快速创建树状插图，如图3—4—15所示。

7. 位图填充的方法

首先选择"文件"→"导入"→"导入到库"命令，导入一张位图文件；然后选中要填充的对象，在颜色面板中选择"位图填充"命令，如图3—4—16所示；最后选择要填充的位图即可。

8. 文字的种类

Flash可以以多种方式添加文本，包括静态文本、动态文本和输入文本，如图3—4—17所示。静态文本是在动画制作阶段创建的，该文本在动画播放阶段不能改变；动态文本是用来显示动态可更新的文本，如动态显示日期和时间；输入文本在动画设计中作为一个输入文本框，在动画播放时，输入文本呈现更多的信息。

9. 合并对象

（1）选择"椭圆工具" ，在舞台上绘制两个椭圆并将其选中，如图3—4—18所示。

图3—4—15 树刷子填充效果

图3—4—16 "颜色"面板

图3—4—17 文字的种类

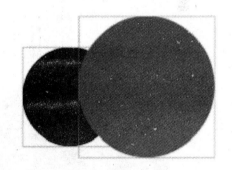

图3—4—18 绘制椭圆

（2）选择"修改"→"合并对象"命令，如图3—4—19所示。

1）联合。可以将两个或两个以上对象合并成为单个形状对象，进行联合操作后的若干对象变为一个对象，它的四周有一个蓝色矩形框，如图3—4—20所示。

2）交集。在两个椭圆有相互覆盖的情况时，选择"交集"命令，可以对两个椭圆进行裁剪，舞台中留下的是两个椭圆相交部分，最上面的形状对象的颜色决定了交集后形状的颜色，如图3—4—21所示。

3）打孔。类似于咬合，当上方椭圆和下方椭圆处于舞台中时，选择"打孔"命令，上方椭圆将咬合与下方椭圆相交的部位，保留下方椭圆其余部分，如图3—4—22所示。

4）裁切。当两个椭圆有相互覆盖的情况时，选择"裁切"命令，可以对两个椭圆进行裁剪，舞台中留下的是两个椭圆相交部分，以下方图像为主。"交集"和"裁切"比较类似，区别在于一个是保留上方图形，另一个是保留下方图形，如图3—4—23所示。

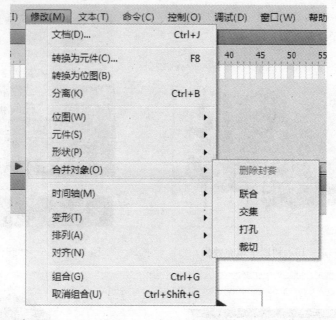

图 3—4—19　合并对象

图 3—4—20　联合

图 3—4—21　交集

图 3—4—22　打孔

图 3—4—23　裁切

10. 滤镜和混合

（1）滤镜的使用。滤镜是一种对对象的像素进行处理以生成特定效果的方法。在"属性"面板中，单击"滤镜""下方的添加滤镜"按钮，可以添加投影、模糊、发光、斜角、渐变发光、渐变斜角和调整颜色等滤镜，并可调整其参数，如图3—4—24所示。

（2）混合模式的使用。混合功能是图像自然地融合在一起，当两个图像的颜色通道以某种数学计算方法混合叠加到一起时，两个图像会产生某种特殊的变化效果。Flash 提供了图层、变暗、正片叠底、变亮、滤色、叠加、强光、增加、减去、差值、反相、Alpha和擦除等混合模式。

建立两个影片剪辑，在"属性"面板中的"显示"区域设置混合模式，为其添加混合模式，如图3—4—25所示。

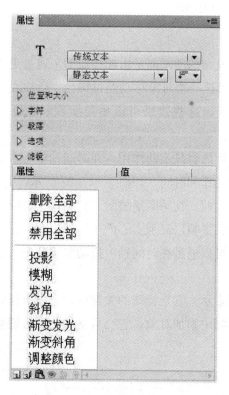

图3—4—24　滤镜的使用

图3—4—25　混合模式的使用

四、创建动画

1. 时间轴概念

时间轴是 Flash 中最重要、最核心的部分，所有的动画顺序、动作行为、控制命令以及声音等都是在时间轴中编排的。时间轴用于组织和控制文档内容在一定时间内播放的层数和帧数，图层和帧中的内容随时间的变化而发生变化，从而产生了动画。时间轴窗口可以分为左右两个部分，即层控制窗口和时间轴，如图 3—4—26 所示。

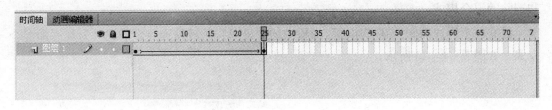

图 3—4—26　时间轴

2. 帧的概念和操作

（1）帧。帧是组成动画的基本元素，任何复杂的动画都是由帧构成的，通过更改连续帧的内容，可以在 Flash 文档中创建动画，可以让一个对象移动经过舞台、增加或减小大小、旋转、改变颜色、淡入淡出或改变形状等，这些效果可以单独实现，也可以同时实现。

（2）普通帧。普通帧起着过滤和延长关键帧内容显示的作用。在时间轴中，普通帧一般是以空心方格表示，每个方格占用一个帧的动作和时间，如图 3—4—27 所示。

（3）关键帧。关键帧是用来定义动画变化的帧。在动画播放的过程中，关键帧会呈现出关键性的动作或内容上的变化。时间轴中的关键帧以显示实心的小圆球表示，存在于此帧中的对象与前后帧中对象的属性是不同的。可以通过在时间轴中拖动关键帧来改变内插动画的长度，如图 3—4—27 所示。

（4）空白关键帧。空白关键帧是以空白圆表示，它是特殊的关键帧，它没有任何对象存在，可以在其上绘制图形。如果在空白关键帧中添加对象，它会自动转化为关键帧，如图 3—4—27 所示。

图 3—4—27　空白关键帧

3. 逐帧动画制作

逐帧动画是最基本的动画方式,与传统动画制作方式相同,通过向每一帧添加不同的图像来创建简单的动画,每一帧都是关键帧,都有内容,如图3—4—28所示。

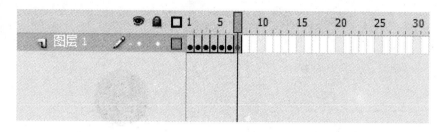

图3—4—28　逐帧动画

使用逐帧动画可以制作出复杂而出色的动画效果,这些效果是其他动画方式难以实现的。但制作逐帧动画需要给出动画中每一帧的具体内容,因此用这种方法制作动画,工作量非常大。

4. 运动补间动画制作

补间动画所处理的动画必须是舞台上的元件实例。补间动画中,Flash只需要保存帧之间不同的数据,这样减少文件的大小。补间动画先在一个关键帧中定义对象的属性,如位置、大小等,然后在另一个关键帧中改变属性。利用补间动画,可以实现对象的大小、位置、旋转、颜色以及透明度等变化。

(1)将元件从库中拖入第1帧,如图3—4—29所示。

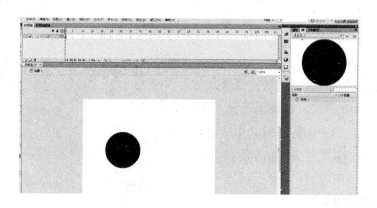

图3—4—29　将元件拖入第1帧

(2)单击第25帧,按F6键插入关键帧,更改小球位置,使其位置与第1关键帧发生改变,如图3—4—30所示。

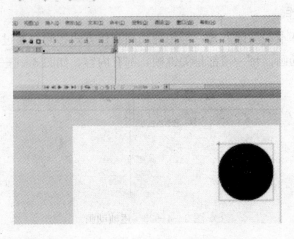

图3—4—30　插入关键帧

（3）选中第1帧和第25帧之间任意一帧，右击在弹出的快捷菜单中选择"创建传统补间"命令，如图3—4—31所示。

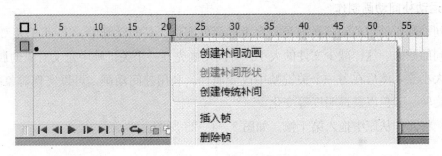

图3—4—31　创建传统补间

5. 动画缓动值的作用

创建运动补间动画后，可以设置缓动值来更改对象的运动方式。如果缓动值为0，对象作匀速运动；若为正值，对象作减速运动；若为负值，对象作加速运动，如图3—4—32所示。

6. 形状补间动画制作

在一个关键帧中绘制一个形状，然后在另一个关键帧中更改该形状或绘制另一个形状，Flash根据二者之间帧的值或形状来创建的动画被称为"形状补间动画"。

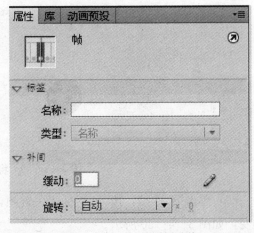

图3—4—32　动画缓动值

形状补间动画可以实现两个图形之间颜色、形状、大小和位置的相互变化，使用的元素为形状，如果使用图形元件、按钮或文字，则必须先"打散"才能创建形状补间动画。

（1）在时间轴的第 1 帧用"矩形工具"在舞台上画出一个矩形，如图 3—4—33 所示。

（2）在第 25 帧处，按 F7 键插入空白关键帧，用"椭圆工具"在舞台上画出一个圆形，如图 3—4—34 所示。

图 3—4—33　画一个矩形

图 3—4—34　画一个圆形

（3）选中第 1 帧和第 25 帧之间任意一帧，右击在弹出的快捷菜单中选择"创建补间形状"命令，如图 3—4—35 所示。

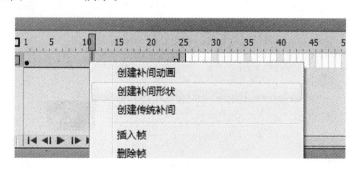

图 3—4—35　创建形状补间

7. 路径动画制作

引导层分为普通引导层和运动引导层两种。普通引导层起辅助静态定位的作用，而运动引导层在制作动画时起着引导运动路径的作用。

（1）在图层 1 中制作好运动补间动画，选中图层 1，右击在弹出的快捷菜单中选择"添加传统运动引导层"命令，如图 3—4—36 所示。

（2）选中引导图层，使用"钢笔工具"绘制路径，如图 3—4—37 所示。

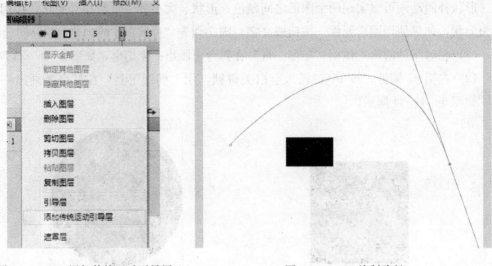

图3—4—36　添加传统运动引导层　　　　　图3—4—37　绘制路径

（3）选择图层1的第1关键帧，移动矩形使其中心吸附在路径的开始端，选择图层1的第2关键帧，移动矩形使其中心吸附在路径的结束端，如图3—4—38所示。

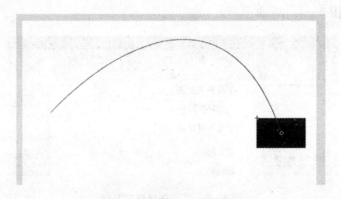

图3—4—38　将矩形吸附到路径上

8. 遮罩动画制作

遮罩层是一种特殊的图层，创建遮罩层后，遮罩层下面图层的内容就像透过一个窗口显示出来一样。在遮罩层中可以添加文字、形状和实例等对象，这些对象具有透明效果，可以把图形位置的背景显露出来。遮罩动画就好比在一个板上打了各种形状的孔，透过这些孔，可以看到下面的图层。遮罩层可以是填充的形状、文字对象、图形元件的实例或影片剪辑。可以将多个图层组织在一个遮罩层下来创建复杂的效果。

（1）将元件拖入图层1中，选择图层1的第25帧，按F5键插入普通帧，如图3—4—39所示。

图 3—4—39　建立背景

（2）新建图层 2，在图层 2 上制作运动补间动画，如图 3—4—40 所示。

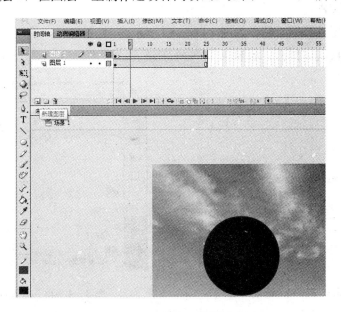

图 3—4—40　创建运动补间动画

（3）选择图层 2，右击，在弹出的快捷菜单中选择"遮罩层"命令，即完成遮罩动画的制作，如图 3—4—41 所示。

9. 动画中使用声音

声音是多媒体中不可缺少的重要部分，Flash 对声音的支持非常出色，可以在 Flash

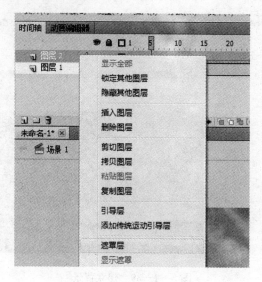

图 3—4—41　创建遮罩层

中导入各种声音文件。

（1）新建图层选择第 1 帧，如图 3—4—42 所示。

（2）将音乐拖入到舞台，如图 3—4—43 所示。

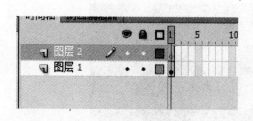

图 3—4—42　新建图层

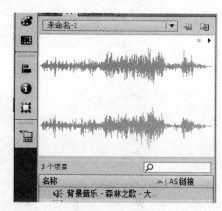

图 3—4—43　拖入音乐

（3）选中图层 2 中的第 1 帧，在属性面板的"声音"区域中进行相应的设置，如图 3—4—44 所示。

1）声音循环

重复——在文本框中输入播放的次数，默认播放 1 次。

循环——声音可以一直不停地循环播放。

2）同步方式

事件——是默认的声音同步模式，不论在何种情况下，只要动画播放到插入声音的开始帧，就开始播放该声音，而且不受时间轴的限制，直至声音播放完毕为止。

开始——这种模式下，到了该声音开始播放的帧时，如果此时有其他的声音正在播放，则会自动取消将要进行的该声音的播放；如果此时没有其他的声音在播放，该声音才会开始播放。

停止——使正在播放的声音文件停止。

数据流——在这种模式下，动画的播放被强迫与声音的播放保持同步，有时如果动画帧的传输速度与声音相比相对较慢，则会跳过这些帧进行播放。但当动画播放完毕时，如果声音还没有播完，则也会与动画同时停止。

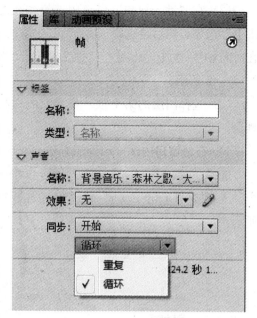

图3—4—44　修改属性

3）声音效果

无——不设置声道效果。

左声道——控制声音在左声道播放。

右声道——控制声音在右声道播放。

向右淡出——降低左声道的声音，同时提高右声道的声音，控制声音从左声道过渡到右声道播放。

向左淡出——降低右声道的声音，同时提高左声道的声音，控制声音从右声道过渡到左声道播放。

淡入——在声音的持续时间内逐渐增强其幅度。

淡出——在声音的持续时间内逐渐减小其幅度。

自定义——允许创建自己的声音效果。

10. 动画中使用视频

在系统上安装了 QuickTime 4 以上的版本或者 DirectX 7 以上的版本，则可以导入各种文件格式的视频剪辑，包括 MOV（QuickTime 影片）、AVI（音频、视频交叉文件）和 MPG/MPRG。

（1）选择"文件"→"导入"→"导入视频"命令，选择需要的视频文件。

（2）在"导入视频"窗口中选择"在您的计算机上"选项，然后再选择"在 SWF 中嵌入 FLV 并在时间轴中播放"选项，其他为默认设置，如图3—4—45 所示。

（3）选择图层的第1帧，将导入的视频拖入到舞台。

11. 在新窗口中预览动画的方法

选择"控制"→"测试影片"→"测试"命令，或者按"Ctrl＋Enter"快捷键，如图3—4—46所示。

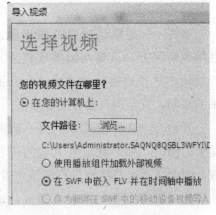

图 3—4—45　选择视频

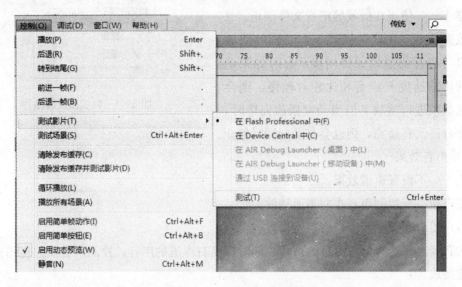

图 3—4—46　测试影片

五、库、元件和实例

1. 元件的种类

元件是一种可重复使用的对象，而实例是元件在舞台上的一次具体使用。重复使用实例不会增加文件的大小。元件简化了文档的编辑操作，当编辑元件时，该元件的所有实例都相应更新，以反映编辑结果。元件种类分为影片剪辑、按钮和图形三类，如图3—4—47所示。图形元件可用于静态图像，与主时间轴同步运行；按钮元件可以创建响应鼠标单击、滑过或其他动作的交互式按钮；影片剪辑元件可以创建可重复使用的动画片段，其拥有独立于主时间轴的多帧时间轴。

2. 影片剪辑制作

影片剪辑元件可以创建可重复使用的动画片段。可以把影片剪辑看成一个小型动画，有自己的时间轴，独立于主时间轴播放。影片剪辑可以包含按钮、图形，甚至其他影片剪辑实例。

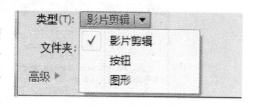

图 3—4—47　元件的种类

选择"插入"→"新建元件"命令，打开"创建新元件"对话框，在该对话框中选择影片剪辑，如图 3—4—48 所示。

图 3—4—48　"创建新元件"对话框

3. 库的使用

"库"面板是存储和组织在 Flash 中创建各种元件的地方，还用于存储和组织导入的文件，包括位图图形、声音文件和视频剪辑。

（1）选择"窗口"→"库"命令，打开"库"面板，如图 3—4—49 所示。

（2）选择"文件"→"导入到库"命令，打开"导入到库"对话框，将外部元件导入到库中，如图 3—4—50 所示。

4. 组件的使用

组件是带有参数的影片剪辑，这些参数可以修改组件的外观和行为。组件既可以是简单的用户界面控件，也可以包含内容。

组件使任何人都能够创建一个复杂的 Flash 应用，即使对脚本语言没有深入的研究。在 Flash 中，可以在创作

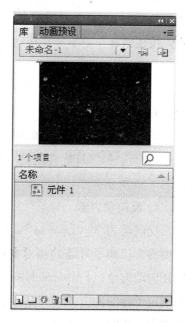

图 3—4—49　"库"面板

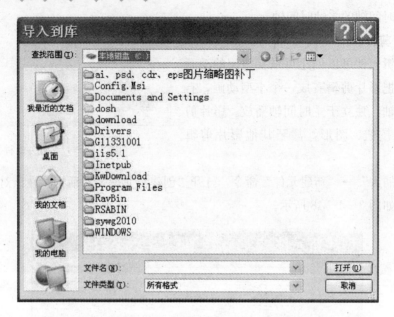

图 3—4—50　"导入到库"对话框

过程中利用"组件"面板将选定的组件添加到文档中，然后利用"属性"面板设置组件实例名称和组件属性。

选择"窗口"→"组件"命令，打开"组件"面板，如图 3—4—51 所示。在"组件"面板中选择相应的组件，按住鼠标左键不放并拖动到舞台中或者双击该组件。

六、关节运动和变形

1. 3D 功能

（1）新建影片剪辑，如图 3—4—52 所示。

（2）选择"3D 旋转工具"对其进行三维操作，如图 3—4—53 所示。

2. 反向动力学

反向动力学（Inverse Kinematics，简称 IK）。由父骨骼的方位和子骨骼的相对变换得到子骨骼的方位，称为正向动力学（Forward Kinematics，FK）。而 IK 则是先确定子骨骼的方位，然后反向推导出其继承链上级父骨骼方位的方法，如图 3—4—54 所示。

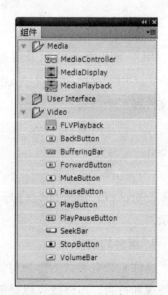

图 3—4—51　"组件"面板

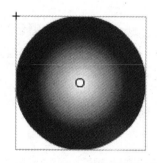

图 3—4—52　新建影片剪辑

图 3—4—54　反向动力学

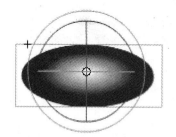

图 3—4—53　"3D 旋转工具"的使用

3. 骨骼动画制作

（1）在同一图层的第 1 帧上创建 5 个影片剪辑，如图 3—4—55 所示。

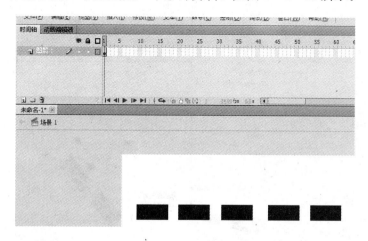

图 3—4—55　创建影片剪辑

（2）选择"骨骼工具"，如图 3—4—56 所示，依次在舞台的影片剪辑上拖动，图层相应地自动生成"骨架"图层，如图 3—4—57 所示。

图 3—4—56　骨骼工具

（3）在骨架图层的第 5 帧处，右击，在弹出的快捷菜单中，选择"插入姿势"命令后，使用"选择工具"改变骨骼的形状，如图 3—4—58 所示。

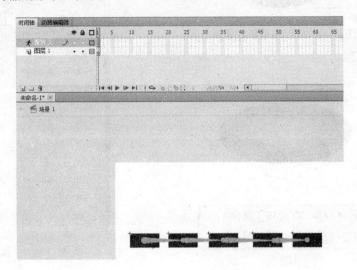

图 3—4—57　创建骨骼

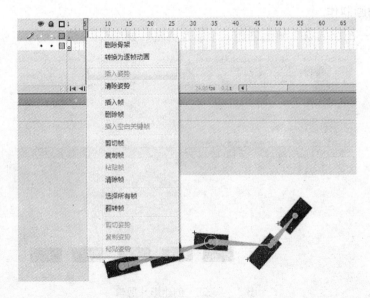

图 3—4—58　插入姿势

使用 Flash 加工动画素材——制作脸部

操作步骤

步骤 1 制作脸部轮廓。

（1）绘制圆。选择"椭圆工具"，在"属性"面板中将边框的笔触设置为 8，绘制脸部的外形，如图 3—4—59 所示。

（2）复制一个圆。在舞台上按住 Alt 键拖动圆，复制出一个圆，如图 3—4—60 所示。

图 3—4—59 脸部的外形

图 3—4—60 复制一个圆

（3）对两个圆进行运算处理。选中两个圆，选择"修改"→"合并对象"→"打孔"命令，改变其填充颜色，为脸部制作出阴影，如图 3—4—61 所示。

步骤 2 完善脸部。

（1）绘制眼睛。选择"椭圆工具"，在脸部画出眼睛和脸上的红晕，如图 3—4—62 所示。

（2）绘制嘴巴。选择"钢笔工具"，在脸部画出嘴巴，如图 3—4—63 所示。

（3）绘制头发。选择"钢笔工具"，在脸部画出人物的头发造型，如图 3—4—64 所示。

步骤 3 绘制人物身体。

（1）绘制身体。选择"钢笔工具"，画出人物的身体，如图 3—4—65 所示。

（2）绘制手脚。选择"钢笔工具"，画出四肢及其他部位，如图 3—4—66 所示。

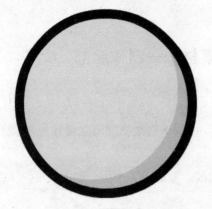

图 3—4—61 制作阴影

图 3—4—62 画出眼睛和红晕

图 3—4—63 画出嘴巴

图 3—4—64 绘制头发造型

图 3—4—65 绘制人物身体

图 3—4—66 画出四肢及其他部位

第5节 加工视频素材

 学习目标

1. 了解影视后期制作的分工和软件使用。

2. 掌握使用非线性编辑软件 Adobe Premiere 进行视频剪辑的基本操作。

3. 能够熟练地使用过渡特效、创建字幕、音频处理和色彩修正。

 操作环境

Adobe Premiere Pro CS4 中文版

 知识要求

一、基本操作

1. 创建项目的参数设置

双击 Premiere Pro CS4 的图标，进入 Premiere Pro CS4 的欢迎对话框，在欢迎对话框中会显示最近创建的一些项目文件名称，对话框中 3 个按钮分别可以选择新建一个项目或者打开电脑中已存在项目，同时还可以查看软件的帮助文档，如图 3—5—1 所示。

如果选择"打开项目"按钮，系统会弹出文件浏览对话框，让用户选择要打开的项目。如果选择"新建项目"按钮，系统会弹出"新建项目"对话框，在这个对话框中，可以对项目设置一些属性，包括活动与字幕安全区域、视频和音频的显示格式、采集格式、存储位置以及名称，如图 3—5—2 所示。一般这里的数据采取默认值，只需要修改新建项目的存储位置和项目名称。

单击"暂存盘"选项卡，切换到"暂存盘"的设置界面，可以设置一些缓存文件的存储位置，一般情况把存储位置设在容量较大的盘中，比如"D 盘"，如图 3—5—3 所示。这里的缓存设置和项目存储位置在第一次设置完成后，就会默认为默认存储位置，以后不需要每次都设置。

设置完成后单击"确定"按钮进入了"新建序列"设置窗口，Premiere Pro 提供了一些不同标准制式的设置模板以供选择，单击面板左侧的各项制式名称，在右侧的预制描述

图 3—5—1 "欢迎"对话框

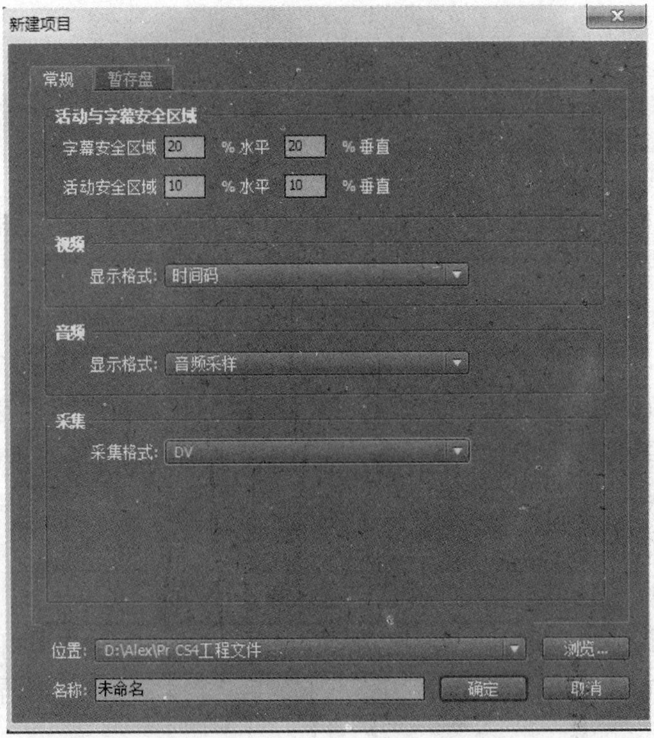

图 3—5—2 "新建项目"对话框

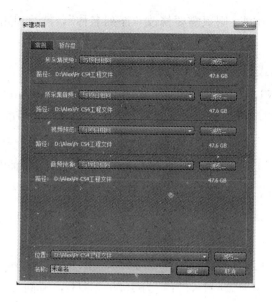

图 3—5—3 "暂存盘"的设置界面

中会显示各制式的详细设置情况。如果要编辑标准的 DV 素材项目，应该选择"DV—PAL"项下的"标准 48 kHz"项，如图 3—5—4 所示。

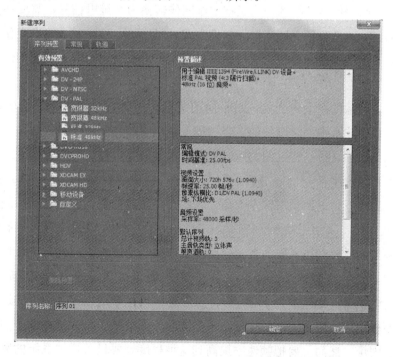

图 3—5—4 "新建序列"对话框

如果采用的是默认预制，则只需要修改"序列名称"，然后单击"确定"按钮即可开始剪辑。

(1) 常用的视频制式

1) NTSC制式。NTSC（National Television Standard Committee，国家电视制式委员会）是1953年美国研制成功的一种兼容的彩色电视制式。其中的规定是每秒30帧，每帧525行，水平分辨率为240～400个像素点，采用隔行扫描，场频为60 Hz，行频为15.634 kHz，宽高比为4∶3。美国、加拿大和中国台湾地区等都使用这种制式。NTSC制式的特点是用两个色差信号（R－Y）和（B－Y）分别对频率相同但相位差90度的两个副载波进行正交平衡调幅，再将已调制的色差信号叠加，穿插到亮度信号的高频端。

2) PAL制式。PAL（Phase Alienate Line，相位远行交换）是前联邦德国于1962年制定的一种电视制式。它规定每秒25帧，每帧625行，水平分辨率为240～400个像素点，采用逐行扫描，场频为50 Hz，行频为15.625 kHz，宽高比为4∶3。中国、德国、英国和朝鲜等国家使用这种制式。PAL制式的特点是同时传达两个色差信号（R－Y）和（B－Y），不过（R－Y）是逐行倒相的，它和（B－Y）信号对副载波进行正交调制。

(2) 帧和帧速率。摄像机通过光敏器件将光信号转换为电信号，这一过程叫扫描。电信号是一维的，而图像是二维的，为了把二维图像转换为一维电信号，需要在图像上快速移动单个感测点，这是一种循序渐进的扫描方式。当感测点移动时，输出变化的电信号以响应扫描图像的亮度和色彩变化，这样图像就变成了一系列在时间上延续的值，形成了最初的视频信号。

扫描总是从图像的左上角开始，水平向前进行，同时扫描点也以较慢的速率向下移动，因此扫描线并非水平而是倾斜的。当扫描点到达图像右侧边缘时，扫描点快速返回上侧，开始第二行扫描，行与行之间的返回过程为水平消隐，输出一个零信号。一幅完整的图像扫描信号，由水平消隐间隔分开的行信号序列构成，称为一帧。扫描点扫描完一帧后，要从图像的右下角返回到图像左上角，开始新一帧的扫描，这一时间间隔，叫垂直消隐。PAL制式信号，采用每帧625行扫描；NTSC制式信号，采用每帧525行扫描。

在视频领域同样要利用人眼的视觉暂留特性产生运动影像。因此，对每秒扫描多少帧有一定的要求，这就是帧速率。对于PAL制式电视系统，帧速率为25帧/秒，而对于NTSC制式电视系统，帧速率为30帧/秒。虽然这些帧速率足以提供平滑的运动，但还没有高到足以使视频显示避免闪烁的程度。根据实验，人的眼睛可察觉到低于50帧/秒速度刷新的图像的闪烁。然而，要把帧速率提高到这种程度，要显著增加系统的频带宽度，这是相当困难的。

2. 工作界面介绍

Premiere 工作窗口是由标题栏、菜单栏、项目窗口、素材窗口、监控窗口、活动面板和特效控制面板组成，如图 3—5—5 所示。

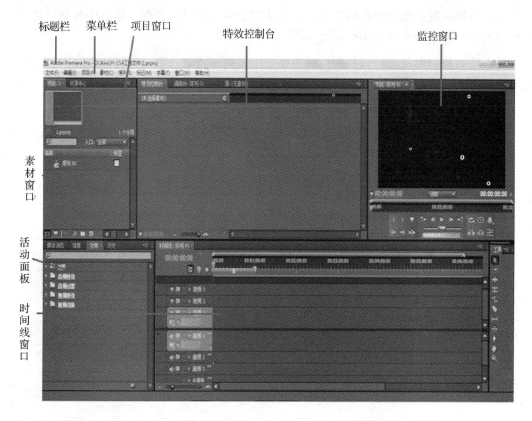

图 3—5—5　Adobe Premiere Pro 的工作界面

（1）标题栏。标题栏是 Adobe Premiere Pro 工作窗口中最上面的一个矩形条，主要是显示所打开程序的名称和工程文件的名称。

（2）菜单栏。菜单栏位于标题栏的下方，由文件、编辑、项目、素材、序列、标记、字幕、窗口和帮助共 9 个菜单项组成。

（3）项目窗口。项目窗口用于组织和管理本项目（项目文件）所使用的所有原始片段。通常需要先把素材导入到项目窗口中，然后导入的素材才能够在后期剪辑或制作过程中使用。每个导入的素材都包括缩图、名称、注释说明、面板和引用状态等属性。此窗口中显示的素材，并非是素材所指的物理内容，而是指向素材文件的引用指针。

（4）素材窗口。素材窗口就是时间线窗口用于组合项目窗口的各种素材，是制作影视界面、时间线排列的编辑窗口，最长的界面编辑时间为 3 小时。素材窗口包括影视节目工作区域、音频轨道、视频轨道、转换轨道和工具条等。

（5）监控窗口。监控窗口包括两个视窗及相应的工具条。左边的视窗用于编辑和播放独立的原始素材，右边的视窗用于素材窗口的节目内容预演。

（6）活动面板。活动面板用来显示信息或控制有关窗口的操作。这其中包括"媒体预览""信息""效果"和"历史"面板。

（7）特效控制面板。特效控制面板主要是用来调节特效参数，与特效控制面板放在一起的还有调音台，调音台针对的是音频的特效调节。

3. 将素材导入到节目中的方法

方法1　选择"文件"→"导入"命令，打开"导入"对话框，选择文件，单击"打开"按钮即可。

方法2　直接在项目面板中的新增剪辑下方空白区域双击，即打开"导入"对话框，如图3—5—6所示。

图3—5—6　"导入"对话框

4. 时间线上素材的编辑方式

（1）选中需要编辑的素材，按住鼠标左键，拖动素材到时间线上的视频1轨道上，依次拖动要编辑的素材到相应的轨道上，如图3—5—7所示。

（2）可以通过左右拉动红色框标记出的小手柄缩放素材的大小到适合编辑的长度。也可以通过按"＝"键放大时间线，按"－"键缩小时间线，按"＼"键将时间线所有剪辑素材缩放到屏幕适合的大小。

很多情况下，JPEG素材的剪辑尺寸往往会过大（即看不到图像的全部），这时需要右击时间线上的JPEG素材，选择"适配为当前画面大小"命令即可看到整幅图像。也可以

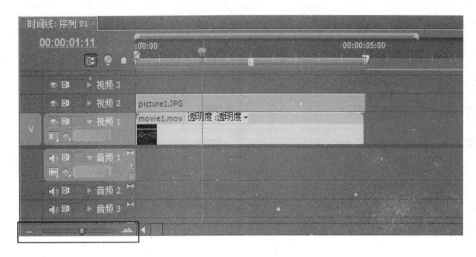

图 3—5—7　时间线编辑

使用"视频效果"面板中的"运动"工具，手动调节"缩放比例"，如图 3—5—8 所示。

1）导入图像的最大尺寸可以是 1 600 万像素（4 096×4 096）。

2）如果不是特殊的需求，尽量使所创建图像的帧尺寸不小于项目的帧尺寸，否则必须按比例增加图像的尺寸，但增加图像的尺寸会导致图像变模糊。

3）如果打算缩放或移动图像，创建图像时要使被缩放或移动区域的帧尺寸不小于项目的帧尺寸。

（3）对于时间线上的素材，一般使用工具面板中的工具对其进行剪辑处理（见表 3—5—1）。

图 3—5—8　调节图像大小

（4）在时间线上移入、移出和移动素材

1）覆盖（新放置的剪辑及其音频替换时间线上该处原来的内容）。直接单击，按住鼠标不放，把所要替换的内容拖动到要被替换的内容处，松开鼠标即可。

2）插入（新放置素材的首帧会切入到当前剪辑中，却不会覆盖原来的内容，切入段后面的原剪辑都自动向后移动）。此操作需要按住 Ctrl 键加上鼠标左键进行操作。

3）提升（此操作会在剪辑原来所在位置处留下间隙）。只需要通过鼠标左键即可完成提升操作，如图 3—5—9 所示。

表 3—5—1　　　　　　　　　　　工具面板中的工具列表

工具	名称	快捷键	工具	名称	快捷键
	选择工具	V		错落工具	Y
	轨道选择工具	A		滑动工具	U
	波纹编辑工具	B		钢笔工具	P
	滚动编辑工具	N		手形把握工具	H
	速率伸缩工具	X		缩放工具	Z
	剃刀工具	C			

图 3—5—9　提升操作

4）抽取（剪辑被拿走后，后面的剪辑会自动填补间隙）。此操作需要按住 Ctrl 键加上鼠标左键进行操作，如图 3—5—10 所示。

图 3—5—10　抽取操作

5. 为素材设置关键帧方式

几乎所有视频特效的参数都可以设置关键帧，也就是说，可以使用多种方法使特效的动作随时间而改变。例如，添加运动特效、改变颜色和变形等。

（1）选择时间线内的一段剪辑素材。

（2）展开特效控制台，如图 3—5—11 所示。添加关键帧如图 3—5—12 所示。

（3）单击"位置"选项前面的小三角箭头，展开控制参数，如图 3—5—13 所示。可

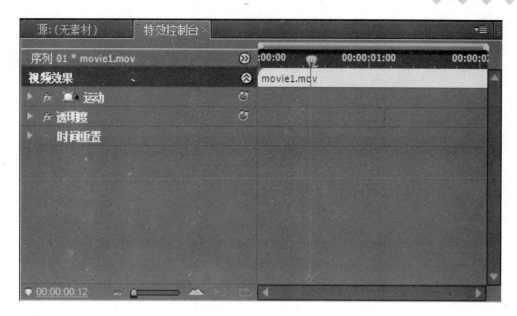

图 3—5—11　特效控制台

添加/删除关键帧

转到前一关键帧　　转到后一关键帧

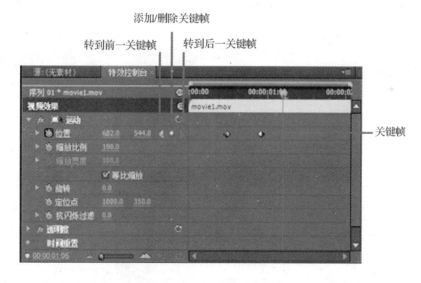

关键帧

图 3—5—12　添加关键帧

以在数值上进行修改，也可以在曲线上直接进行修改，拉动关键帧上的浮动点，可以进行曲率的修改或者位置的修改。

（4）如果需要删除关键帧，则选中某个关键帧，右击选择"删除"命令或者按键盘上的 Delete 键；如果需要把某个特效内的关键帧全部删除，需要在"特效控制台"面板内单

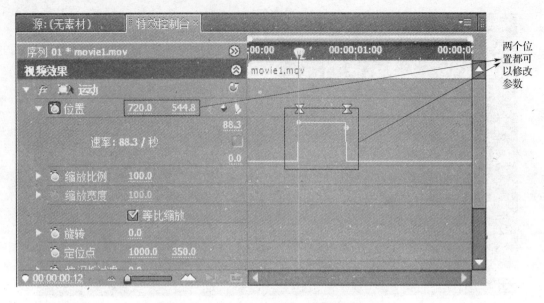

图 3—5—13　关键帧特效的参数修改

击这个特效之前的"秒表"按钮，弹出"警告"对话框，按"确定"按钮即删除这个特效的全部关键帧。

（5）"特效控制台"面板激活后，按 Home 键或 Page Up 键，或者拖动当前的时间指示器，将当前的时间指示器定位到剪辑的起始处。

6. 视频格式的保存及转换

Adobe Premiere Pro 可以以多种格式导出，如图 3—5—14 所示。

导出格式介绍：

（1）上传到 Web 站点供 Flash 调用。选择 FLV | F4V 格式后，选择 FLV 预设创建较老的 On2VP6 编码文件，而选择 F4V 将创建较新的、质量较高的 H.264 格式的文件。

（2）针对光盘/蓝光盘编码。这两种情况都使用 MPEG2 格式，也就是对于光盘格式使用 MPEG2 光盘，而对于蓝光盘格式则使

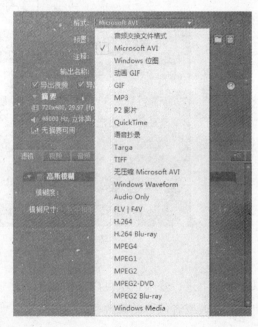

图 3—5—14　导出格式

用 MPEG2 Blu-ray。在这些高位速率应用中，MPEG2 与 H.264 没有明显的差别，但 MPEG2 的编码速度更快。

（3）针对设备的编码。对于当前流行的设备（Apple iPad/iPhone，Apple TV 和 TiVo 等），使用 H.264 格式，并采用 3GPP 预设；而对于较老式的基于 MPEG4 的设备，使用 MPEG4 格式；对于 Zune 设备，则使用 Windows Media 格式。为智能手机编码时，应先查阅生产厂商的参数，确保所创建的文件不会超出这些参数。

（4）为创建视频网站而编码。H.264 格式拥有针对 YouTube 和 Vimeo（包括宽屏、SD 和 HD）的预设。

（5）为诸如 Brightcove 和 Kaltura 等联机视频平台（OVP）而编码。通常情况下，采用 H.264 格式质量最高。

（6）为在其他应用程序中编辑而编码。对于 SD 文件，使用 DV 编码的 QuickTime 或 Microsoft AVI 格式；而对于 HD 格式，则选取 Match Sequence Settings 复选框后再创建文件，这将用要求的格式（如果该格式就是序列中使用的格式）进行渲染。如果该选项不可用，则使用高分辨率、高数据率的 H.264 格式。

（7）为 Windows Media 或 Silverlight 调用而编码。虽然较新版本的 Silverlight 可以播放 H.264 格式文件，但采用 Windows Media 格式是最安全的选择。如果针对 Silverlight 创建 H.264 格式文件，要遵守前面介绍的 Flash 规则，因为 Silverlight 可以播放 Flash 创建的所有文件。

二、过渡特效

1. 转场效果的运用

（1）Adobe Premiere Pro 中间包含了几十种的特效，这些特效容易掌握，并且可以根据自己的喜好进行定制。

在电视或电影中，一般不会加入很多的切换特效，大多数是直接切换。因为不管是切换特效还是视频特效，其根本目的都是为主题而服务的，在电视和电影中，如果出现很多无意义的过场特效，只会适得其反，分散观众的注意力，所以更多要做的应该是消除这其中不和谐的地方，使整个故事的叙述和展开更加平顺。但是这并不代表过场特效就没有意义，很多这样的特效出现在电视或电影中一定有其目的，想要传达给观众一定的信息。同时切换特效可以为故事增加亮点，也会令视频作品充满激情。

（2）在项目中加入切换特效是需要技巧的，加入一个特效时需要考虑何时加入、长度、参数（如色框）、动作以及特效的开始和结束位置。

大多数切换特效在"特效控制台"面板中进行实现。每一种切换特效都有其专门的参数设置，除去这些参数设置外，还有 A/B 时间线，可以方便地进行参数的调整，如图 3—5—15所示。

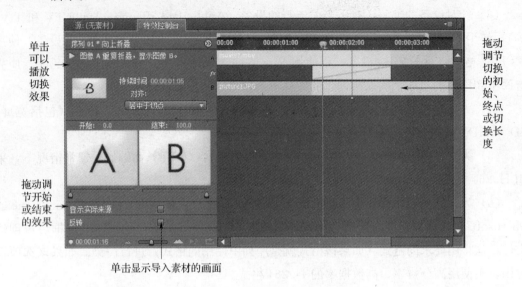

图 3—5—15　特效控制台功能介绍

在两个剪辑素材之间添加特效，只需要把选好的切换特效拖放到两个素材的中间即可。对于一般的特效而言，这样做就足够了，但是如果想要达到最佳效果，还需对一些特效进行参数设置。

1）改变默认切换特效及时长：默认切换特效有两种基本用途，把一个故事板自动应用到序列上，或作为一种用键盘"Ctrl＋D"组合键快速添加切换特效的方法。要设置不同的默认切换特效，可以选择想使用的切换特效，打开"特效控制台"面板，选择"设置默认切换特效"。该切换特效的周围会显示一个红色框，表示该特效已经设置为默认特效，选择"默认切换时长"，会弹出对话框，在对话框中设置默认时长。

2）改变每个视频切换的默认时长：导入的每个视频切换的时间都是一样的，选择"编辑"→"参数"→"常规"命令，如图 3—5—16所示。可以在"视频切换默认持续时间"选项中进行重新自定义设置，同样也可以设置"音频过渡默认持续时间"和"静帧图像默认持续时间"。

如果要在开头或结尾添加切换特效，只需要把一个切换特效拖放到第一段剪辑的开始处或者结尾处。Adobe Premiere Pro 中切换特效有一个非常独特的特点：可以把它们应用到剪辑的起始点或结束点，这称为单边切换，而之前描述的在两个视频中间做切换的则称为双边切换。

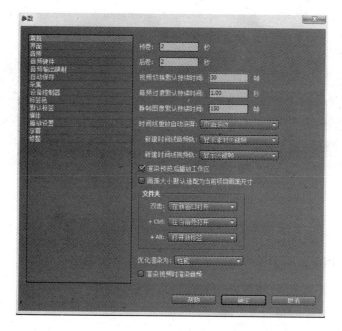

图 3—5—16 "参数"面板

（3）向序列添加了切换特效后，一条红色水平线会显示在添加的切换特效上方，这表示这部分必须经过渲染才能将它输出到项目文件中，如图 3—5—17 所示。

渲染是在导出项目时自动进行的，可以自主选择是渲染序列的全部还是只渲染序列中的一部分，因为受到电脑配置的限制，所以在导入素材或者加入特效后，没有办法进行预览，这时只需要按一下回车键，计算机就会自动渲染选中的部分，当红线变成绿线时，就能进行流畅的预览了，如图 3—5—18 所示。

图 3—5—17 红色渲染线

（4）同时向多段剪辑应用切换特效。在处理较多的内容时，特别是处理静态图像，在两张照片之间插入切换特效很容易，可是要在 100 张照片中每两张照片之间应用一次同一个切换特效却不是一件轻松的事，Adobe Premiere Pro 提供了很简洁的操作。

1）首先导入照片素材到同一个时间线中。

2）如果拖入的图片太多，无法一下子全部在时间线上看到，可以按反斜杠键（＼）缩小时间线，以显示整个序列。

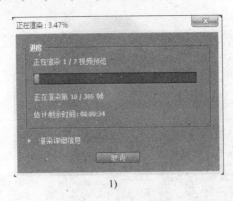
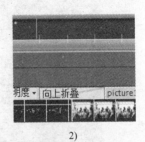

图 3—5—18　渲染

1）渲染过程　2）渲染好后变成绿线

3）使用"选择工具"选中全部图片。

4）选择"序列"→"应用默认切换过渡到所选择素材"命令，如此就将默认切换特效应用到选中的所有图片每两张之间。

5）播放时间线查看效果。

2. 特效的应用

Adobe Premiere Pro 提供了超过 100 种的视频特效，很多特效都需进行参数设置，这些参数一般都是通过关键帧来进行控制的，十分精确和方便。

（1）添加视频特效可以在原素材中添加视觉效果或者针对素材中的一些问题或者缺陷进行弥补。例如，视频特效可以改变视频素材的曝光度、颜色、扭曲图像或者添加上一些夸张的、前期无法拍摄出来的艺术效果，同时后期制作也可以利用 Adobe Premiere Pro 中的特效对剪辑进行旋转或者动画处理，比如可以通过调节时间线上的关键帧来使视频做到慢放效果。

添加视频特效和前面提到的添加切换特效一样，只需把选中的特效拖动到所要添加特效的素材上即可，也可以在同一段素材上添加多个特效进行组合，这样可以做出更好的后期效果，也可以使用嵌套序列为一组剪辑添加相同的特效。

Adobe Premiere Pro CS4 包含两类特效，即固定特效和标准特效。标准特效往往对剪辑对象的图像质量或者外观起到决定性作用；而固定特效则是调节剪辑对象的位置、缩放、不透明度、速度和音量等。一般情况下，固定特效会被应用到序列中的每个剪辑。但在处理固定特效前，它们不会对剪辑产生影响。

（2）下面对素材使用一个特效，并且在"特效控制台"面板中对其参数进行调整。首先打开"效果"面板中的"视频特效"文件夹，如图 3—5—19 所示。

在这个文件夹中包含 Adobe Premiere Pro 自带的所有视频特效。

所有的素材，在没有添加任何特效之前，都会在"特效控制台"面板中有这样三种特效，运动、透明度和时间重置。它们属于固定特效，是每一段剪辑都固有的特效，Adobe Premiere Pro 自动将它们可用于所有视频剪辑。如果剪辑带有音频，还会看到音量固定特效。

如果在编辑好一个特效后，想暂时不显示这个特效，只需要单击每一个特效之前的"▣"按钮，这个就是开/关特效的开关。

在查找想要的特效时，只需在"效果"面板的搜索框中输入特效的名称，Adobe Premiere Pro 会立刻显示出包含所输入关键字的特效，这样就可以大大缩小查找的范围，如图 3—5—20 所示。

图 3—5—19　视频特效

图 3—5—20　搜索特效功能

三、字幕和图形

1. 字幕编辑器的字幕种类

屏幕上的字幕有助于表达故事情节。想要表达的内容都可以通过字幕得以加强，比如给出有关地点或者被采访者的名字和头衔、列出要点、开场字幕和片尾字幕等。

与单纯的叙述相比，字幕可以更简明、清晰地表达信息。同时，字幕还可以提醒观众注意节目中所要表达的人和信息，从而增强叙述和视觉效果。

Adobe Premiere Pro 提供了一整套的字幕和形状创建选项，默认字幕包括默认静态字幕、默认滚动字幕、默认游动字幕和基于模板字幕。可以使用计算机上的任意字体、字幕和对象，可以使用任意一种颜色（或多种颜色）、任意透明度和多种形状。用路径工具可以把文字放置于大多数复杂曲线上。

2. 简单字幕的制作

选择"字幕"→"新建字幕"命令，里面有几个预选字幕可供选择，分别是默认静态字幕、默认滚动字幕、默认游动字幕和基于模板字幕。这里选择"默认静态字幕"。

随后会弹出"新建字幕"对话框，如图3—5—21所示。在对话框中可以自定义长宽比例，并且输入字幕名称。

图3—5—21 "新建字幕"对话框

单击"确定"按钮后，就会进入字幕编辑界面，如图3—5—22所示。字幕编辑界面5种类型的面板，具体如下。

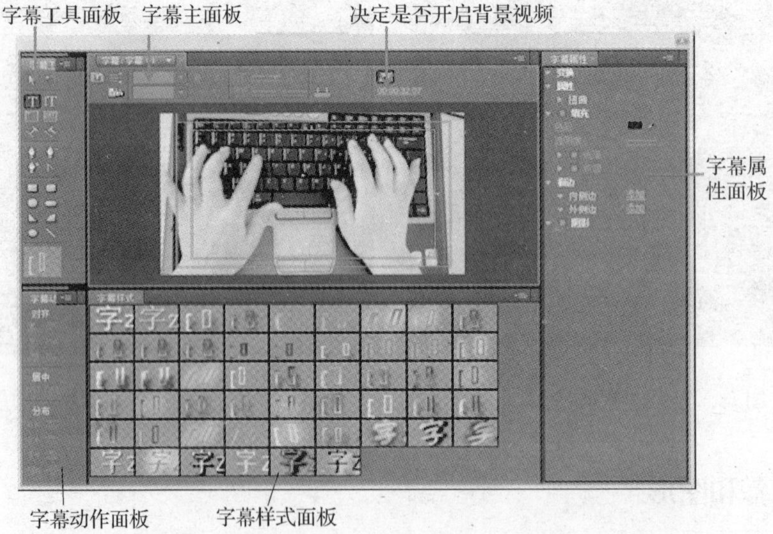

字幕工具面板　字幕主面板　　　决定是否开启背景视频

字幕属性面板

字幕动作面板　　字幕样式面板

图3—5—22 字幕编辑界面

（1）字幕工具面板。定义字幕边界、设置字幕路径和选择几何形状。

（2）字幕主面板。在字幕主面板中创建、查看文本和图形。

（3）字幕属性面板。包括字幕和图形选项，如字体属性或对象组。

（4）字幕动作面板。用于对齐、居中、分散字幕或对象组。

（5）字幕样式面板。系统预设了多种字幕样式，可以从字幕样式面板中选择字幕样式。

单击字幕工具面板中的文字工具，然后在主面板中绘制一个文字框，在其中键入字幕内容以创建字幕，如图3—5—23所示。

创建完字幕内容后，可以在字幕属性面板中对字幕进行自定义设置。可以对字体、字体样式、字体大小、行距、字距以及填充选项中的多个参数进行设置，也可以为字幕添加阴影。

3. 创建形状

（1）首先按快捷键Ctrl+T创建新字幕，然后在"字幕工具"面板（见图3—5—24）中选择一种形状，在字幕窗口中拖动鼠标可以创建形状，如图3—5—25所示。

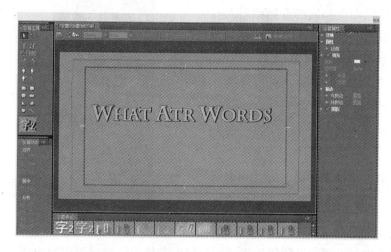

图3—5—23　创建字幕

图3—5—24　"字幕
工具"面板

（2）对齐形状。有时需要创建多个形状或者多行（列）文字字幕，此时要在屏幕中选择对齐方式。"字幕动作"包含多种对齐方式，如图3—5—26所示。

选择一个对象，只能激活"居中"工具，可以选择"垂直居中"和"水平居中"。选择多个对象，"对齐"工具和"分布"工具能同时被激活，可以根据需要对形状进行排列。

图 3—5—25　创建形状

四、音频特效

1. 支持的音轨种类

Adobe Premiere Pro 提供专业品质的音频编辑工具足以与众多性能优良的音频混合和编辑产品相媲美。

（1）特点取样编辑。视频通常的帧数都是 24～30 帧，帧间编辑时间大约为 1/30 秒，音频每秒取样数千次；CD 音频每秒取样 44 100 次，也就是 44.1 kHz。Adobe Premiere Pro 能够完成为视频音频和 CD 音频的取样。

（2）三种常用音频轨道。包括单声道、立体声和六通道环绕声，可以使用其中的一种或多种类型组合的轨道。

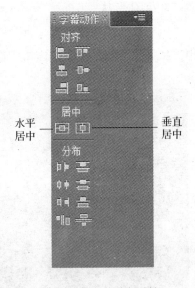

水平居中

垂直居中

图 3—5—26　对齐工具

（3）分组混音轨道。可以把选中的音频轨道指派给分组混音轨道，这样可以只应用一个音频轨道就可以同时完成对多个轨道的设置。

（4）通道编辑。用于从立体声和六通道环绕声文件中分离出各个音轨，然后在这些轨道上分别添加效果。

（5）统一的音频格式。Adobe Premiere Pro 可以把音频升级到与项目中的音频设置相匹配。此外，还可以把所谓的定点数据转换成 32 位浮点数据。浮点数据使得许多音频特效和切换特效的效果显得更加真实。

2. 简单编辑

（1）调整音量。有时需要增加或降低整个剪辑或部分剪辑的音量。下面通过一个实例来解释如何调整音量。

1）首先将一段音频拖动到时间线中。

2）双击这段时间线中的素材，打开编辑窗口，如图 3—5—27 所示。

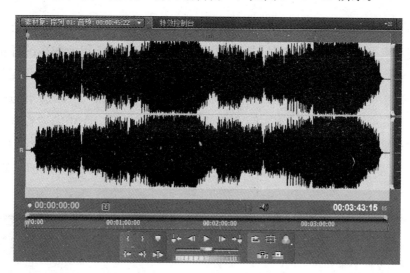

图 3—5—27　音频编辑

3）选中音频，单击"设置显示样式"，选择"显示波形"，如图 3—5—28 所示。

4）单击"显示关键帧"，选择"显示素材关键帧"，确保能够看到剪辑关键帧，如图 3—5—29 所示。

图 3—5—28　设置显示样式

图 3—5—29　关键帧选择

在音频轨上，将鼠标悬停在音量电平曲线中一条细长的黄色水平线上，直到鼠标变为垂直调整工具光标为止，这时就可以上下拖动这条水平黄线，进行音量的调整，如图 3—5—30所示。

黄色细线

图 3—5—30　调节音量

通过拖动电平线可以提高或者降低整个音轨的音量。如果觉得所编辑的音轨掩盖了对话音，可以将音轨调整到－6～－5分贝，但最好的效果还是通过微调进行设定的。

5）创建淡入淡出特效。为了使音效过渡的更自然，可以加入淡入淡出的特效，以免给人一种很突兀的感觉。常用的特效制作方法是对"特效控制台"中的"音量"特效进行调整，在这里采用一种更直接的方法进行调整。在时间轴中距离剪辑起始点大约2秒处，按住 Ctrl 键的同时单击音量电平曲线，可以在音量电平曲线上创建关键帧，如图 3—5—31 所示。

图 3—5—31　编辑关键帧

然后在剪辑起始点再创建一个关键帧，在这两个关键帧之间形成音量的变化，如图 3—5—32 所示。

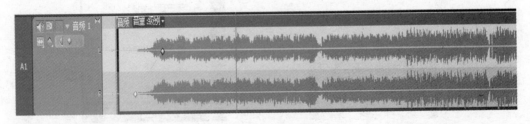

图 3—5—32　音量变化的制作

然后选中两个关键帧，单击鼠标右键，选择"淡入"，加入这个特效就会使这个过渡直线变成曲线，使得过渡更为自然和平顺。还可以选中关键帧上的蓝色小拖柄，实现更为精准的微调，如图 3—5—33 所示。

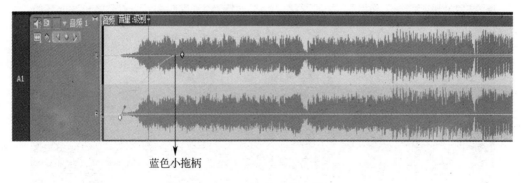

蓝色小拖柄

图 3—5—33　淡入淡出效果

（2）美化音频。Adobe Premiere Pro 提供了多种的音频特效，如图 3—5—34 所示，包括改变音调、制造回声、添加混响、删除噪音和杂音。和视频特效一样，音频特效也可以通过关键帧的设定来调整其效果。

我们使用的大多数音频都是不加修饰的，但是有时因为所要表达特殊的效果，还需给音频人为地加上一些特效。如果使用的是旧磁带，就需使用"DeNoiser"音频特效自动检测并消除磁带中的噪声；如

图 3—5—34　音频特效

果是在演播室里面录制的音频，则可以添加"Reverb"特效，使声音听起来像是在空旷的房间里录制的声频，还可以使用"延时"特效来添加回声。

（3）使用调音台。Adobe Premiere Pro 在处理多层音频轨道和多层视频轨道时有很大的不同。

音频轨道上的剪辑是一起播放的，也就是说如果在 10 条音轨上都放上了音频而没有进行处理，播放时给人的感觉就是乱七八糟、毫无章法的噪声。

在 Adobe Premiere Pro 中，只需要用一个看起来像调音台一样的面板就可以处理这种多音轨的混音，通过转动旋钮来设置左右摇移，向整个轨道添加特效，创建分组混音。分组混音可以把多个音频轨道集中到单个轨道，这样就可以对一组轨道应用同样的特效、音量和摇移，而不必逐一改变每一个轨道。

选择"窗口"→"调音台"命令，或者按"Shift＋6"快捷方式打开调音台的操作面板，如图 3—5—35 所示。

如果想制造出较好的混音效果，首先将起始点的音频 1 设置为＋4、音频 2 设置为＋2，在这个基础上开始混音。混音的关键在于需要使左、右通道在大部分时间中基本保持对齐，使左、右通道维持在平衡位置。

图 3—5—35　调音台的操作面板

然后，用每条轨道顶部的旋钮来调整它们各自音轨的左/右平衡，这时将参数调整为：音频 1，＋100；音频 2，－100。如图 3—5—36 所示。

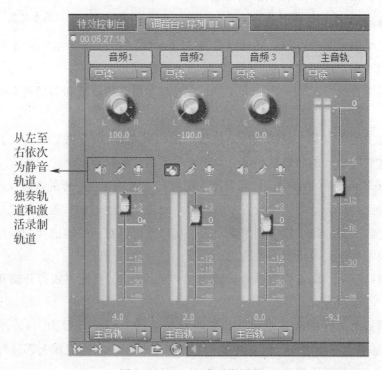

从左至右依次为静音轨道、独奏轨道和激活录制轨道

图 3—5—36　左右平衡调节

经过以上调节后，试听一下就会发现，音轨1的声音只出现在左耳，而音轨2则只出现在右耳。

如果要单独听其中某一条音频的声音，只需要单击图3—5—36中框选出的按钮即可。

单击"显示/隐藏效果与发送"按钮，就可以打开一个空白面板，在这里可以对轨道添加特效或进行分组混音，如图3—5—37所示。

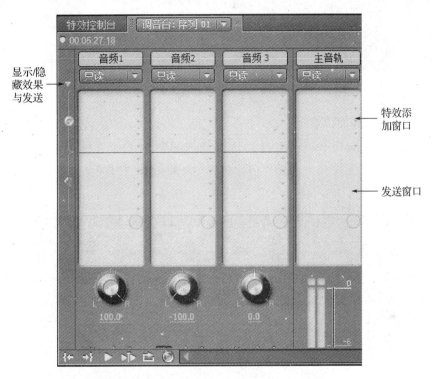

图3—5—37　添加音频特效或进行分组混音

 **技能训练**

使用 Adobe Premiere Pro 加工视频素材

操作步骤

步骤1　准备阶段。

（1）导入素材。使用键盘 Ctrl＋I 快捷键，打开"导入"对话框，选择素材 movie1、movie2、音频1、图片1和图片2，单击"确定"按钮，完成素材的导入。

（2）把素材拖入时间线中。选中素材 movie1，按住鼠标左键不放，将其拖入时间线中，如图3—5—38所示。

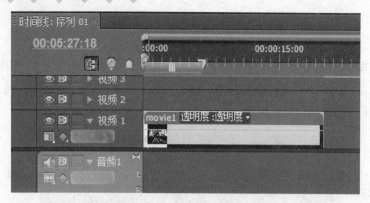

图3—5—38　把素材拖入时间线

步骤2　为素材添加特效。

（1）选择特效。选中movie1，然后依次在"GPU特效"文件夹中选择"波纹（圆形）"特效、"变换"文件夹中选择"摄像机视图"特效和"时间"文件夹中选择"抽帧"特效，依次把它们拖入"特效控制台"面板中，如图3—5—39所示。

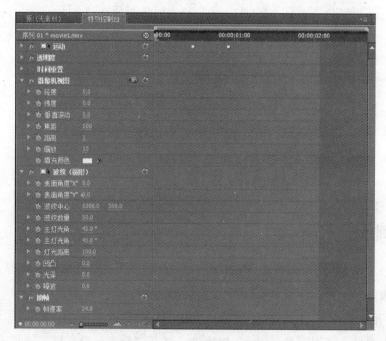

图3—5—39　特效控制台面板

（2）设置"摄像机视图"特效。"摄像机视图"特效的功能就好比是第二个摄像机，它可以实现一些在前期采集素材过程中没有做到的拍摄角度或者因为后期制作需要对素材的角度进行调整。对焦距、距离和填充颜色等参数进行设置，调整各个关键帧的参数，如

图 3—5—40 所示。

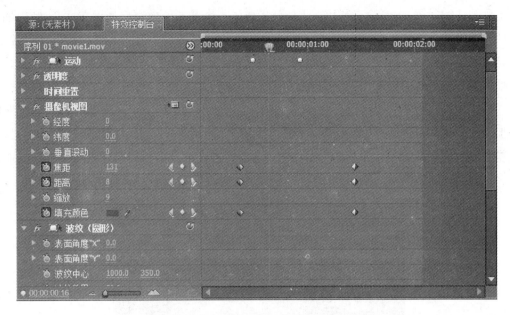

图 3—5—40 "摄像机视图"特效参数设置

（3）设置"波纹（圆形）"特效参数。"波纹（圆形）"特效是实现素材的表面肌理的效果、波纹的纹理效果，以及通过灯光的照射实现素材的立体效果。"表面角度 X"使素材围绕 X 轴旋转，"表面角度 Y"使素材围绕 Y 轴旋转；"波纹中心"和"波纹数量"则可调节波纹的效果；"主灯光角度 A"和"主灯光角度 B"分别用于调节主灯光 A 和主灯光 B 的角度和灯光距离；"凹凸"则是给素材表面加上一些纹理效果；"光泽"一般可以给素材加上透明的效果；"噪波"则是让素材的平面变得高低不平，比如山地、山洞和丘陵等，其表面是很不规则的，如图 3—5—41 所示。

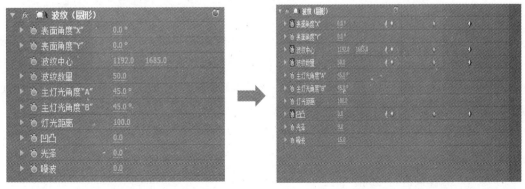

图 3—5—41 "波纹（圆形）"特效参数设置

（4）设置"抽帧"特效参数。很多电视作品都会采用，1秒24帧的连续播放方式，就是1秒钟连续播放24幅静态图片，这样就形成了一个动态的效果。如果在这24帧中抽去几帧，动画就会不连贯，这个出现在1秒钟内一般察觉不到，因为人眼有一个延迟效果，但是如果放大到30秒，在30秒中每隔5秒抽去1秒，就会明显感觉到画面的不连贯，这种抽帧特效在很多的影视作品中都有运用，是一种独立的表现手法。

帧速率设置为多少表示每秒保留多少帧，如图3—5—42所示。选中经过"抽帧"特效加工的素材，右击选择"场选项"，在"场选项"对话框内勾选"消除闪烁"，因为抖动可能会使画面不稳定。另外，在为图片设定运动或者添加字幕挂角时，画面中的细线或者文字也会出现闪烁抖动，使用此命令可以有效地消除闪烁抖动，使画面满足播出要求。

图3—5—42　帧速率设置

步骤3　添加切换特效。

（1）导入素材进入时间线。选中movie2，将其拖入时间线，位于movie1之后，如图3—5—43所示。

（2）添加切换特效。选择"视频切换"→"3D运动"→"门"命令，将"门"切换特效设置在两段素材之间，如图3—5—44所示。

（3）设置"切换特效"参数。在"特效控制台"面板中调节切换长度，如图3—5—45所示。

步骤4　对音频进行处理。

给音频1添加"延时""高音"和"EQ"特效，如图3—5—46所示。

图 3—5—43　把两个素材放置在同一条时间线中

图 3—5—44　给两个素材之间加上切换特效

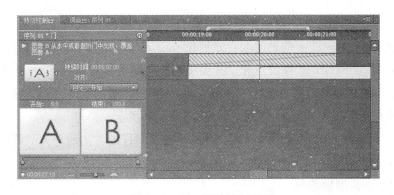

图 3—5—45　特效控制面板

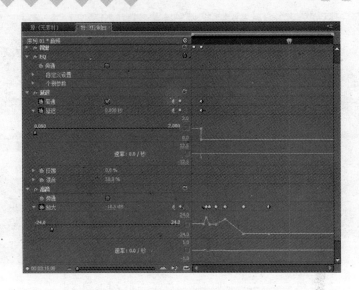

图3—5—46　通过关键帧设置音频特效

步骤5　为视频添加字幕。

（1）创建"开头字幕"。选择"字幕"→"新建字幕"→"默认静态字幕"命令，在打开的"新建字幕"对话框中修改"名字"为"开头字幕"，单击"确定"按钮进入下一步。

（2）输入文字。单击字幕工具面板中的"文字工具"，然后在主面板中绘制一个文字框，在文字框中输入"我们身边的苹果"。

（3）修改文字参数。在选中文字的前提下，设置"字体"为"SimHei"，"字体大小"为"105"，打开"填充"的下拉菜单，设置"填充颜色"为"线性渐变"，双击"色彩"显示条中第一个颜色手柄对其颜色进行设置，如图3—5—47所示。再设置第二个颜色手柄，如图3—5—48所示。

（4）将字幕导入时间线。关闭字幕编辑窗口，在"项目列表"中找到"开头字幕"，把它拖到"视频2"时间线上的最前端，然后把movie1和movie2顺序往后移动，导入图片1到"视频1"时间线，长度设置和"开头字幕"一样，如图3—5—49所示。

（5）为字幕添加切换特效。选择"视频切换"→"3D运动"→"门"命令，将"门"切换特效设置在图片1和movie1之间，如图3—5—50所示。

（6）导入"结尾字幕"。采用与导入"开头字幕"同样的方法，导入"结尾字幕"，并使用图片2作为"结尾字幕"的背景，如图3—5—51所示。

步骤6　为字幕添加特效。

（1）设置"开头字幕"参数。选中"开头字幕"，打开"特效控制台"控制面板，打

图 3—5—47　设置第一个颜色手柄

图 3—5—48　设置第二个颜色手柄

开"透明度"列表,在"开头字幕"的第一帧创建关键帧,设置透明度为 0,在最后一帧,设置透明度为 100,如图 3—5—52 所示。

（2）设置"结尾字幕"参数。采用与设置"开头字幕"同样的方法对"结尾字幕"参数进行设置,如图 3—5—53 所示。

步骤 7　导出视频。

图 3—5—49　导入开头字幕

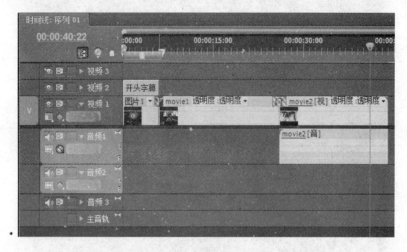

图 3—5—50　在两个素材之间添加切换特效

图 3—5—51　导入结尾字幕

图 3—5—52　设置"开头字幕"参数

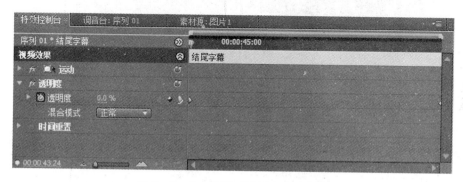

图 3—5—53　设置"结尾字幕"参数

（1）导出视频。选中序列 01，选择"文件"→"导出"→"媒体"命令，打开"导出设置"对话框，进行相应的设置，如图 3—5—54 所示。

图 3—5—54　"导出设置"对话框

（2）渲染视频。打开 Adobe Media Encoder，单击"Start Queue"按钮，开始渲染输出视频，如图 3—5—55 所示。

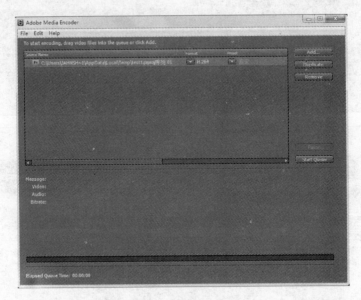

图 3—5—55　渲染视频

第 6 节　加工简单的三维素材

学习目标

1. 掌握 3ds Max 的基本操作。
2. 能够熟练几何体的创建、参数设置和关键帧动画的制作。
3. 掌握材质和渲染的相关知识。

操作环境

3ds Max 2009 中文版

 **知识要求**

一、基本操作

1. 菜单及界面分类

启动 3ds Max，进入其操作界面，默认状态下界面如图 3—6—1 所示。

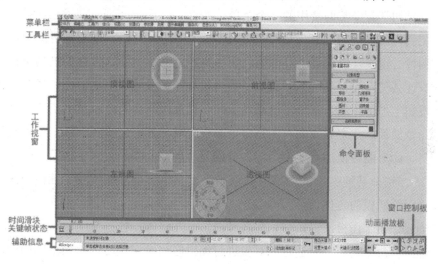

图 3—6—1　3ds Max 主界面

（1）菜单栏。菜单栏位于屏幕最上方，由一系列控制命令组成，它们分别是：

1）"文件"菜单。主要用于对场景文件的管理，包括打开、存储、打印、输入和输出不同格式的其他三维格式文件，以及动画的摘要信息、参数变量等命令的应用。

2）"编辑"菜单。用于选择和编辑场景中的对象，包括拷贝、删除、选定和临时保存等功能，其中一些命令在工具栏中也有相应的工具按钮。

3）"工具"菜单。提供了一些可以对场景中对象进行操作和环境场景设置的工具，包括常用的各种制作工具。

4）"组"菜单。提供处理群组和非群组物体对象的功能，通过使用与组合相关的命令来实现对多个物体的操作。可以将多个物体设为一个组，或分解一个组为多个物体。

5）"视图"菜单。对视图进行操作，但对对象不起作用。

6）"创建"菜单。将控制面板中比较常用的创建对象封装在菜单选项中，可以创建物体或特效等。

7）"修改器"菜单。将控制面板中的几乎所有的修改器封装在该菜单中。

8）"动画"菜单。用于动画制作，包括正相运动、反相运动、骨骼的创建和修改等功能。

9）"渲染"菜单。通过某种算法，体现场景的灯光，材质和贴图等效果。

10）"自定义"菜单。提供用户定制操作界面的相关命令，可以在这里对当前环境进行设置，构建不同风格的用户操作界面。

11）"帮助"菜单。提供一些帮助菜单命令，包括在线帮助、教程、用户参考和新功能指南等，是初学者经常要使用的一个菜单。

（2）工具栏。默认情况下，3ds Max 只显示主要的工具栏，主工具栏图标按钮包括选择类工具图标、选择与操作类工具图标、选择集锁定工具图标、坐标类工具图标、着色类工具图标、连接关系类工具图标和其他一些诸如对齐、帮助等工具图标。当鼠标指针在某一个工具按钮上停留片刻，系统将自动显示此工具按钮的功能提示文字。

（3）命令面板。在主界面的右侧是命令面板区域，其中包括 3ds Max 在建模和编辑时常用的工具，命令面板顶部有 6 个图标，分别是"创建""修改""层次""运动""显示"和"工具"。当选择某种类型的面板时，面板上会显示出有关的命令和相关的操作选项，提示行将显示该面板的名称。

1）"创建"命令面板。显示和创建各种图形、几何体、粒子系统、灯光和摄像机等。

2）"修改"命令面板。对选定的对象进行编辑修改操作，可以使用不同的修改器，也可以访问修改器堆栈。

3）"层次"命令面板。可以建立对象间的父子关系或更复杂的层级关系。

4）"运动"命令面板。用于控制物体的运动方式。

5）"显示"命令面板。控制场景中物体的显示属性。

6）"工具"命令面板。提供多种相关程序和插件等。

（4）视图区。视图区是 3ds Max 界面中面积最大的区域，是主要的工作区，分为 4 个视图，即顶视图、前视图、左视图和透视图，当前工作视图周围将显示黄色边框。

2. 视图设置的方法

（1）自定义视图。选择"视图"→"视口配置"命令，打开"视口配置"对话框，如图 3—6—2 所示，选择"布局"选项卡，进行相应的设置。

（2）切换视图。右击视图可激活视图，或者选择"视图"→"设置活动视口"下的相应命令，如图 3—6—3 所示。按相应的快捷键可实现视图的转换，快捷键设置如下：

1）"T"键——顶视图。

2）"B"键——底视图。

3）"L"键——左视图。

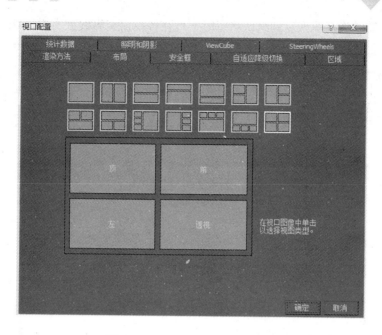

图 3—6—2 "视口配置"对话框

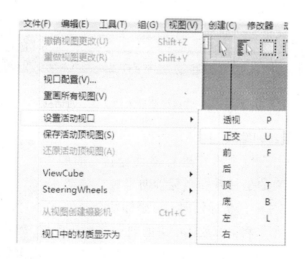

图 3—6—3 切换视图的命令

4) "U"键——用户视图。

5) "F"键——前视图。

6) "P"键——透视图。

7) "C"键——摄像机视图。

（3）调整视图布局比例。将光标放在各视图的交界线处，拖动鼠标就可以自由改变各视窗的尺寸。需要将视图恢复到默认状态时，可在各视窗交界线处右击鼠标，选择"重置布局"命令，即可恢复。

3. 简单模型素材的导入方法

选择"文件"→"导入"命令，打开"选择要导入的文件"对话框，如图3—6—4所示，在对话框中选择要导入的素材。

图3—6—4　"选择要导入的文件"对话框

4. 物体的移动、旋转和缩放

（1）选择并移动。选择物体并进行移动操作，如图3—6—5所示，根据定义的坐标系和坐标轴向来进行移动。操作时直接将鼠标放在相应的坐标轴向上，坐标轴会变色，然后拖动其进行移动；如果将鼠标放在中央的轴平面上，相应的轴也会变色，拖动可在双方向上进行移动。

（2）选择并旋转。选择物体并进行旋转操作，如图3—6—5所示，根据定义的坐标系和坐标轴向来进行旋转。旋转工具的操纵轴是球形的，如图3—6—6所示，操作时拖动单个轴向，进行单方向上的旋转，红、绿、蓝三种颜色分别对应 X、Y、Z 三个轴向，当前操纵的轴向会变色。内圈的灰色圆弧可以进行空间上的旋转，可以将物体在三个轴向

图3—6—5　移动、旋转和缩放操作

上同时进行旋转，这是一种非常自由的旋转方式。

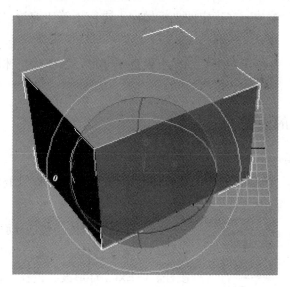

图 3—6—6　球形操纵轴

（3）选择并缩放。选择物体并进行缩放操作，如图 3—6—5 所示，其中含有三个缩放工具。缩放工具的操纵轴是三角形的，如图 3—6—7 所示。拖动操纵轴内部中心的三角区域可以进行等比例缩放；拖动操纵轴单个的轴向，进行单方向上的缩放；拖动操纵轴外侧的三角平面可以进行双方向上的同时缩放。

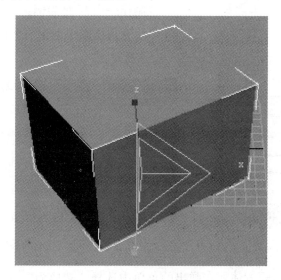

图 3—6—7　三角形操纵轴

1）选择并等比缩放。在三个轴向上做等比例缩放，只改变体积大小，不改变形状。

2）选择并不等比缩放。在指定的坐标轴向上进行不等比缩放，物体的体积和形状都发生变化。

3）选择并挤压。在指定的坐标轴向上做挤压变形，物体保持体积不变，但形状发生变化。

二、几何物体的创建

1. 几何体的种类

（1）标准几何体。包括长方体、圆锥体、球体、几何球体、圆柱体、管状体、圆环、四棱锥、茶壶和平面等。

（2）扩展几何体。包括异面体、环形结、切角长方体、切角圆柱体、油罐、胶囊、纺锤、L-Ext、球凌柱、C-Ext、环形波、棱柱和软管等。

2. 几何体的参数设置

单击要修改的物体，在命令面板中选择"修改"命令按钮，切换到"修改"面板，如图 3—6—8 所示，在面板的参数区域进行几何体相应参数的设置。

3. 多边形的简单建模方法

以制作一个 U 盘为例：

（1）在顶视图中创建一个长方体，参数设置如图 3—6—9 所示。

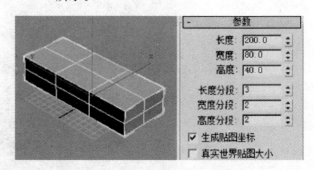

图 3—6—8　几何体的参数设置面板

图 3—6—9　长方体的参数设置

（2）在视图中右击长方体，在弹出的菜单中选择"转换为"→"转换可编辑多边形"命令，进入多边形编辑。在修改命令面板"可编辑多边形"中进入"点"次物体层级，分别在前视图和左视图中将左右两边中间的点向外拖动进行调整，调整后的形态如图3—6—10所示。

（3）分割出U盘帽部分。在修改命令面板"可编辑多边形"中进入"边"次物体层级，在透视图中选择如图3—6—11所示的边。选择时要使用视图旋转工具，以使长方体一周的边都能够被选取，然后在修改命令面板中单击"分割"按钮。

（4）选取U盘帽。在修改命令面板"可编辑多边形"中进入"元素"次物体层级，选取如图3—6—12所示的部分，这部分将作为U盘的帽子，在修改命令面板中单击"分离"按钮，在打开的对话框中输入分离为的名字为"帽子"，并勾选"以克隆对象分离"选项，然后单击"确定"按钮。

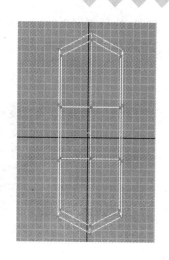

图3—6—10 基本轮廓的调整

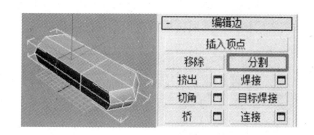

图3—6—11 分割命令

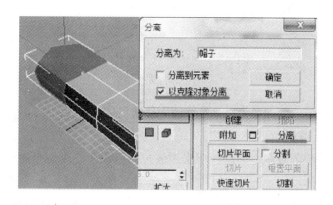

图3—6—12 分离出U盘帽子部分

（5）将分离出来的帽子移开。在修改命令面板中为它加入一个"壳"修改项，设置其内部量的值为3。然后选择长方体的上端，按下键盘上的 Delete 键将其删除，如图3—6—13所示。

图 3—6—13 壳命令及参数设置

（6）在修改命令面板"可编辑多边形"中进入"多边形"次物体层级，在前视图中选择如图3—6—14所示的边，使用"等比例缩放"工具对选取的多边形进行缩放，此过程需要操作两次，第一次缩放完成后松开，然后再进行一次同样的操作。

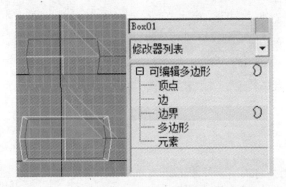

图 3—6—14 使用"等比例缩放"
工具对多边行进行缩放

（7）选取长方体最内侧的多边形，然后使用移动工具在顶视图中向外拉出一段，创建U盘接口，如图3—6—15所示。

（8）重复前面两步，对多边形进行多次缩放拉伸后，在修改命令面板"可编辑多边形"中进入"边界"次物体层级，选择"封口"命令，最后形成如图3—6—16所示的形状。

（9）在修改命令面板"可编辑多边形"中进入"多边形"次物体层级，选择封盖处的多边形，然后单击"插入"按钮，设置插入量的值为3，然后在修改命令面板中为它加入一个"挤出"命令，设置挤出高度的值为—13，如图3—6—17所示。

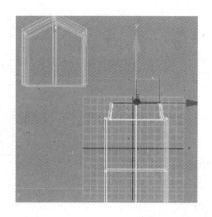

图 3—6—15　U 盘接口形状

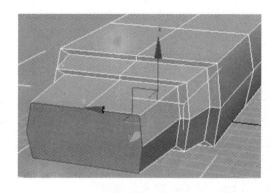

图 3—6—16　U 盘主体的基础型

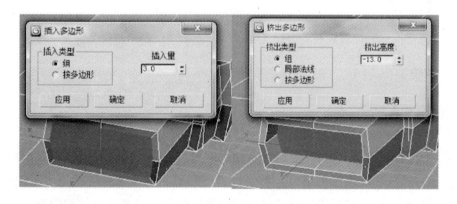

图 3—6—17　插入和挤出命令

　　（10）定型导角。在修改命令面板"可编辑多边形"中进入"边"次物体层级，选择需要定型的边，然后单击修改命令面板上的"挤出"命令，简单的 U 盘便制作完成，如图 3—6—18 所示。

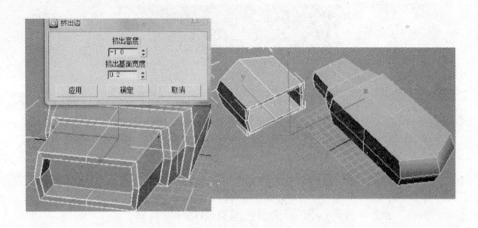

图 3—6—18 简单的 U 盘制作完成图

4. 关键帧动画的制作

关键帧动画的制作通过动画制作按钮来完成，如图 3—6—19 所示。

"自动关键点"按钮被按下时会变成暗红色，同时动画条也变成暗红色，激活的视图也会出现暗红色边框。此时，对所选对象做的一切变换都会自动记录关键帧并形成动画。通过移动时间滑块，可以不断地设置关键帧。在设置了关键帧之后，3ds Max 将在两关键帧之间插入所有变化的中间过渡帧。

图 3—6—19 动画制作按钮

"设置关键点"按钮被按下时会变成亮红色，同时动画条也变成亮红色，激活的视图也会出现亮红色边框。变换对象后若要设置关键帧，需手动单击"记录关键帧"按钮。

三、渲染

1. 材质球相关知识

材质是物体表面所具有的光学特性，包括物体的颜色、材料特性、透明度、反光性和表面纹理及图案等。一个物体可以为木质、玻璃、金属、陶瓷和大理石等材质。通过材质的添加，可以表现模型的细节，增强模型的质感。材质编辑器就是用于编辑定义、创建和使用材质。选择"渲染"→"材质编辑器"命令，打开"材质编辑器"窗口，如图 3—6—20 所示。

在默认的材质编辑器顶部显示 6 个预览材质的材质球。这些样本球右边和下边是控制其外观或与材质相互作用的工具按钮（见表 3—6—1）。

表 3—6—1　　　　　　　　　　　控制材质按钮名称及其描述

工具栏按钮	名称	描述
	样本类型	控制材质样本显示的类型，默认设置是一个球体，可以改为柱体或立方体
	背光	打开样本球背部的照明
	背景	在样本的背后显示方格背景，在显示透明材质时很有帮助
	UV 向平铺数量	为样本球设置 UV 向平铺，可以是 1×1、2×2、3×3、4×4
	视频颜色检查	通过 NTSC 或 PAL 制式检查当前材质的颜色范围
	创建、预览、保存材质	材质预览用于在最终渲染前预览动画材质的效果
	选项	打开材质编辑器选项对话框，设置材质的动画、加载自定义背景、定义光强度、选择样本球颜色和选择样本球号码
	按材质选择	按当前的材质选择所有的对象
	材质/贴图导航	打开材质/贴图导航器对话框，显示当前材质所有的层级树
	获取材质	打开选择材质对话框，显示材质及贴图浏览器
	更新材质	编辑完材质之后在场景中更新材质
	赋材质	把选择的材质赋予场景中的对象
	复位	把材质或贴图复位到默认状态
	复制材质	创建当前材质的一个副本
	独立化	使关联复制的材质独立
	保存材质到库	保存材质到当前打开的材质库

工具栏按钮	名称	描述
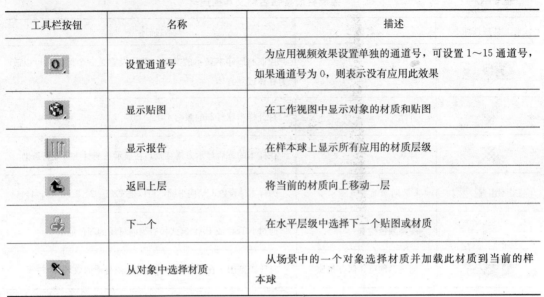	设置通道号	为应用视频效果设置单独的通道号，可设置1~15通道号，如果通道号为0，则表示没有应用此效果
	显示贴图	在工作视图中显示对象的材质和贴图
	显示报告	在样本球上显示所有应用的材质层级
	返回上层	将当前的材质向上移动一层
	下一个	在水平层级中选择下一个贴图或材质
	从对象中选择材质	从场景中的一个对象选择材质并加载此材质到当前的样本球

2. 灯光设置

灯光是三维模型中不可缺少的组成部分，它不仅可以照明物体，还能传达更多信息，决定一个场景的基调，烘托场景气氛。标准的灯光有目标聚光灯、自由聚光灯、目标平行光、自由平行光、泛光灯、天光、区域泛光灯和区域聚光灯，如图3—6—21所示。

（1）聚光灯。是从一点向一个方向投射一束光线，默认状态下会产生一个锥形的照明区域，光束的大小和范围都可以调节，被照射的物体会因为灯光的角度而产生阴影。其中目标聚光灯有具体的投射目标，而且灯光的本体将一直朝向目标物，而自由聚光灯没有投射目标，不能对目标点进行调整。

（2）平行光。是向一个方向投射平行光线，像太阳一样，在视图中显示为柱体。目标平行光总是朝向目标点的位置，自由平行光可以通过旋转来决定它的指向。

（3）泛光灯。是一个360度的点光源，没有特定的照射方向，可以照亮周围物体，常用来模拟电灯泡和吊灯等光源。场景中的默认灯就是泛光灯。

3. 简单渲染相关知识

在建模、使用材质、放置灯光和相机并设置动画场景后，接下来就是准备渲染输出。3ds Max使用默认扫描线渲染器生成特定分辨率的静态图像，并显示在屏幕上一个单独的窗口中。同时3ds Max还提供了各种各样的渲染设置，如图3—6—22所示。

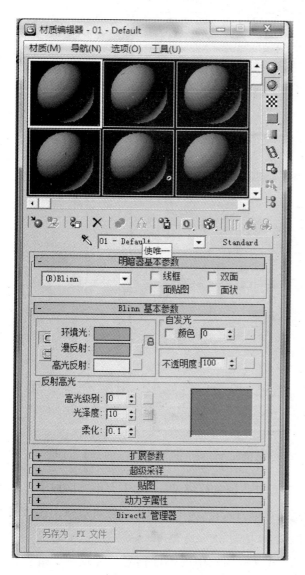

图 3—6—20 材质编辑器界面

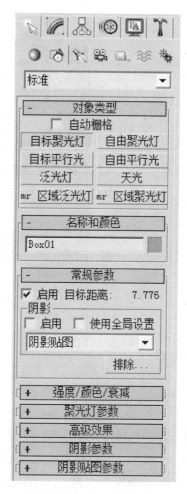

图 3—6—21 灯光的种类及
设置面板

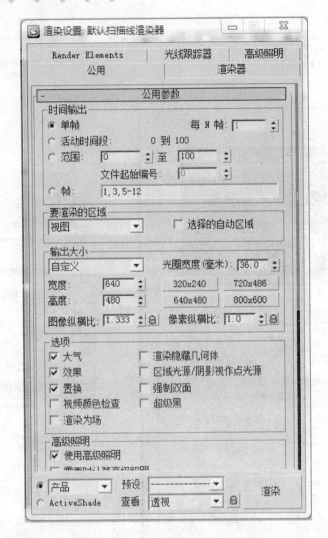

图 3—6—22 "渲染设置"对话框

（1）公用。在"时间输出"区域确定对哪些帧进行渲染；"输出大小"区域确定渲染图像或动画的尺寸大小；"选项"区域定义渲染方式；"渲染输出"区域可以输出图像或动画到一个文件、一台设备或虚拟帧缓冲区。

（2）渲染元素（Render Elements）。可以将场景中的不同信息（如反射、折射、阴影、高光和 Alpha 通道等）分别渲染为一个个单独的图像文件，这样可以将这些分离的图像导入合成软件中进行合成，采用不同的方式叠加在一起。

（3）渲染器。在"选项"区域为加快渲染效果而停用不同的渲染选项；"抗锯齿"区域可以停用"抗锯齿""过滤贴图"来加快渲染；"全局超级采样"区域可以在材质上添加抗锯齿操作，但要花费很长的渲染时间。

 **技能训练**

使用 3ds Max 加工三维素材

操作步骤

步骤 1 制作显示器屏幕部分。

（1）建立显示器基本造型。激活左视图，在"图形"创建命令面板中，单击"样条线"中的"矩形"命令，其参数设置如图 3—6—23 所示。创建出一个显示屏基本形状，如图 3—6—24 所示。

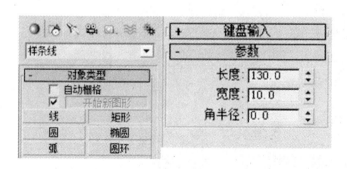

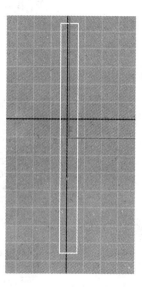

图 3—6—23　设置矩形显示屏参数　　　　图 3—6—24　显示屏基本形状

（2）挤出显示器。选择修改命令面板中的"挤出"命令，设置数量为 200，效果如图 3—6—25 所示。

（3）转换为可编辑多边形。选择长方体，单击鼠标右键，在弹出的快捷菜单中选择"转换为"→"转换为可编辑多边形"，如图 3—6—26 所示。

（4）圆角化四个角。在修改命令面板"可编辑多边形"中进入"边"次物体层级，选择如图 3—6—27 所示的长方体四个角的边。

选择"切角"工具，设置切角参数，如图 3—6—28 所示。

（5）圆角化两个边。切换至左视图，选择"窗口"工具，框选如图 3—6—29 所示的两边线。

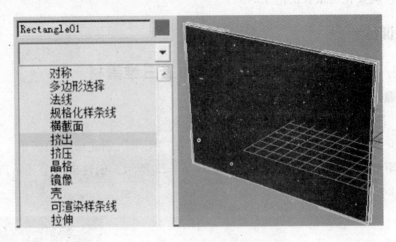

图 3—6—25　挤出显示器屏幕

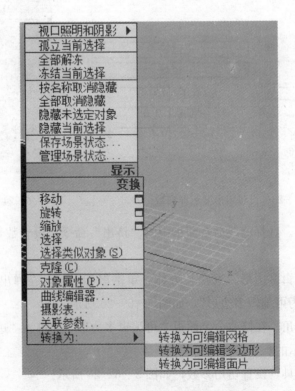

图 3—6—26　转换为可编辑多边形

图 3—6—27　选择需要圆角化的边

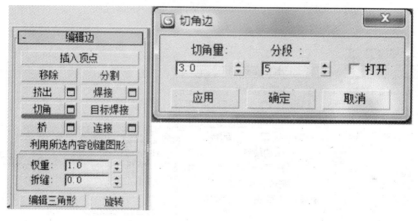

图 3—6—28　切角命令及参数设置

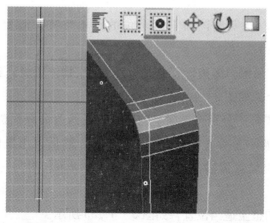

图 3—6—29　选择需要圆角化的两个边

选择"切角"工具，参数设置如图3—6—30所示。

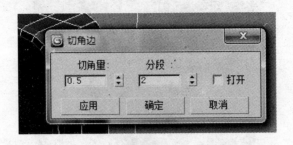

图3—6—30　切角参数设置

（6）建立显示器屏幕。切换至前视图，在修改命令面板"可编辑多边形"中进入"多边形"次物体层级，单击选择屏幕的一个面，选择"插入"命令，参数设置如图3—6—31所示。

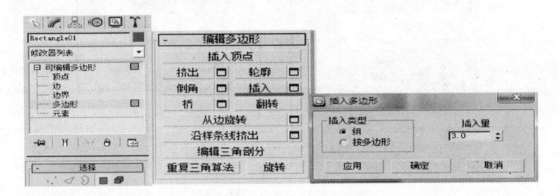

图3—6—31　插入命令及参数设置

插入一个面之后，会发现该面上四个角的点不整齐，需要整理，如图3—6—32所示。

在修改命令面板"可编辑多边形"中进入"点"次物体层级，分别框选四个角的这些点，选择"塌陷"命令，如图3—6—33所示。

（7）调整显示器屏幕。分别选择面上的竖线，在修改命令面板"可编辑多边形"中进入"边"次物体层级，选择"非等比缩放"工具，然后再用鼠标右击"非等比缩放"工具，在弹出的窗口上设置偏移量，如图3—6—34所示。对另一边的一条线作同样的处理。

然后将面上的线调整至适当位置，如图3—6—35所示。

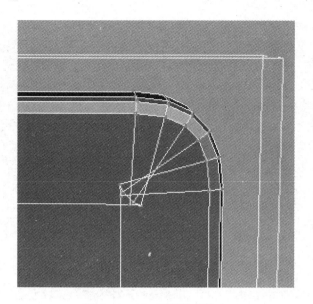

图 3—6—32　需要整理的点

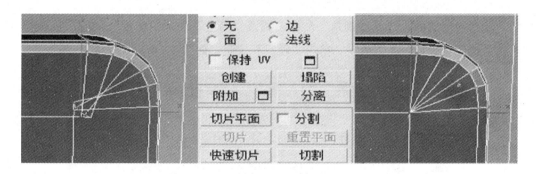

图 3—6—33　对四角的点进行塌陷处理

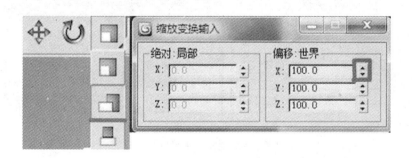

图 3—6—34　调整直线位置

（8）显示器屏幕圆角化。在修改命令面板"可编辑多边形"中进入"多边形"次物体

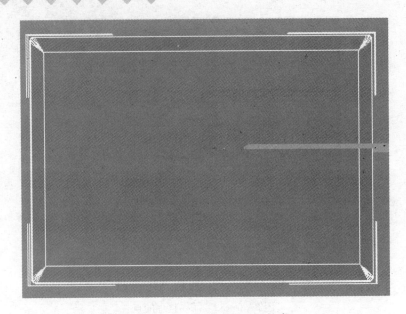

图 3—6—35　调整后显示屏轮廓

层级，选择内框的面，选择"倒角"命令，调整"高度"和"轮廓量"，单击"应用"按钮，然后把"轮廓量"参数清零。单击"确定"按钮，如图 3—6—36 所示。

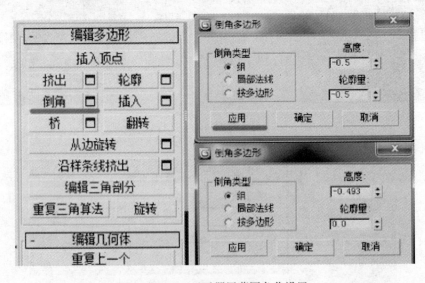

图 3—6—36　显示器屏幕圆角化设置

　　（9）完善显示屏。切换至后视图，在修改命令面板"可编辑多边形"中进入"多边形"次物体层级，单击选择一个面，选择"倒角"命令，调整"高度"和"轮廓量"，单击"应用"按钮，再调整参数，如图 3—6—37 所示。

图 3—6—37　完善显示屏设置

至此，显示屏就制作完成了，其效果图如图 3—6—38 所示。

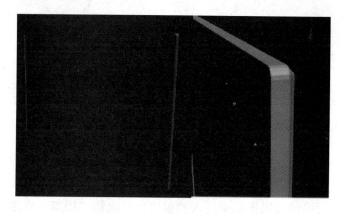

图 3—6—38　显示屏完成图

步骤 2　制作显示器背面部分。

（1）制作显示器背面基本造型。选择左视图，在"图形"创建命令面板中，单击"样条线"中的"矩形"命令。在显示屏左边画一个适当大小的矩形，用做显示器背后中间的部分。然后选择修改命令面板中的"挤出"命令，其矩形和挤出参数设置如图 3—6—39 所示。

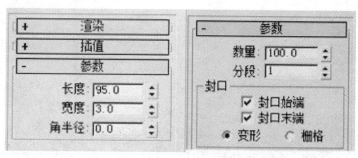

图 3—6—39　显示器背部矩形参数设置

将长方体调整至适当位置，选择长方体，单击鼠标右键，在弹出的快捷菜单中选择"转换为"→"转换为可编辑多边形"命令，如图3—6—40所示。

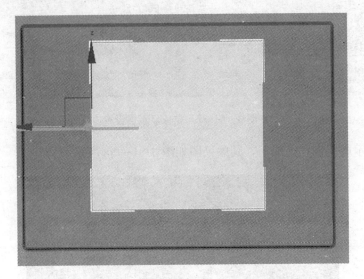

图3—6—40　将长方体转换为可编辑多边形

（2）复制基本造型。按住 Shift 键分别向两边移动，复制出一个长方体，调整其大小位置，如图3—6—41所示。选择中间的长方体，在修改命令面板中选择"附加"命令，在修改命令面板"可编辑多边形"中进入"多边形"次物体层级，将图3—6—41所示的四个面删除。

图3—6—41　复制长方体并进行修改

（3）组合基本造型。在修改命令面板"可编辑多边形"中进入"边"次物体层级，分别选择如图3—6—42所示的各相邻的边，选择"焊接"命令，先点开"焊接"命令后的小方块，将数值调大，然后单击"焊接"按钮。

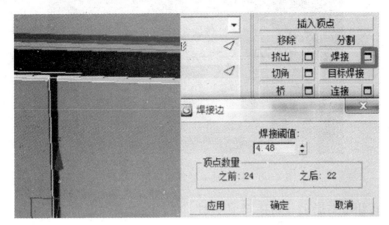

图3—6—42　焊接命令及参数设置

（4）制作出风口。在修改命令面板"可编辑多边形"中进入"多边形"次物体层级，选择两边出风口底部的面，选择"挤出"命令，参数设置如图3—6—43所示。

图3—6—43　挤出参数设置

在修改命令面板"可编辑多边形"中进入"点"次物体层级，将如图3—6—44所示的顶点沿着Y轴移动至适当的位置。

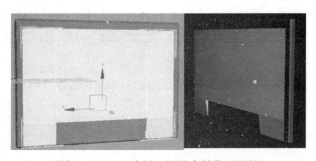

图3—6—44　出风口调整点的位置调整

（5）圆角化背面。在修改命令面板"可编辑多边形"中进入"边"次物体层级，选择最外一圈的边，选择修改面板中的"切角"命令，如图3—6—45所示。

图3—6—45　显示器背部切角参数设置

（6）制作按钮基本造型。切换至前视图，在"图形"创建命令面板中，单击"样条线"中的"矩形"命令，在如图3—6—46所示位置画出按钮的轮廓。

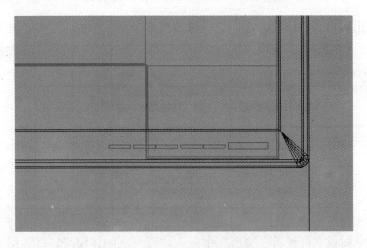

图3—6—46　屏幕按键位置的确定

选择最右边的大矩形，单击鼠标右键，在弹出的快捷菜单中选择"转换为"→"转换为可编辑样条线"。在修改命令面板中选择"附加"命令，依次单击旁边的五个矩形，如图3—6—47所示。

（7）完善按钮。选择这六个矩形，在修改命令面板中选择"挤出"命令，参数设置如图3—6—48所示。

切换至左视图，移动按钮至适当位置，如图3—6—49所示。

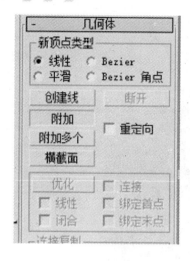

图3—6—47　选择附加命令

图3—6—48　"挤出"命令参数设置

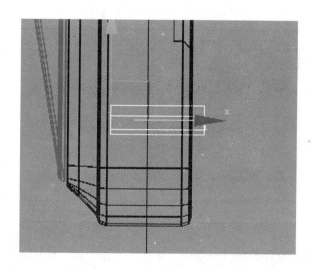

图3—6—49　移动按钮至适当位置

（8）圆角化按钮。切换至前视图，单击鼠标右键，在弹出的快捷菜单中选择"转换为"→"转换为可编辑多边形"。在修改命令面板"可编辑多边形"中进入"线"次物体层级，选择要圆角化的边，在修改命令面板中选择"切角"命令，调整按钮在整个屏幕中的位置，如图3—6—50所示。

步骤3　制作显示器底座部分。

（1）制作底座支柱基本造型。激活左视图，在"几何体"创建命令面板中，选择"标准几何体"→"长方体"作为底座支柱部分，参数设置如图3—6—51所示。

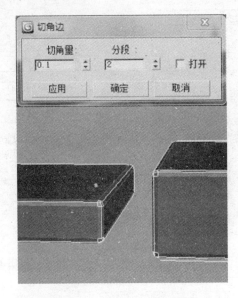

图 3—6—50　按钮切角参数设置

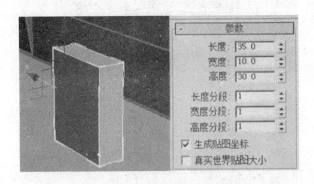

图 3—6—51　底座支柱基本造型

　　选择长方体，单击鼠标右键，在弹出的快捷菜单中选择"转换为"→"转换为可编辑多边形"。在修改命令面板"可编辑多边形"中进入"边"次物体层级，选择图 3—6—52（左）所示的两条边，在修改面板中选择"切角"命令，如图 3—6—52（右）所示。

　　（2）调整底座支柱。选择支柱竖向的四条线，在修改命令面板中选择"连接"，如图 3—6—53 所示。

　　调整支柱线的位置至如图 3—6—54 所示的位置。

　　重复"连接"命令，将支柱调整至如图 3—6—55 所示。

　　（3）建立底座。切换至顶视图，在"几何体"创建命令面板中，选择"标准几何体"→"长方体"，其参数设置如图 3—6—56 所示。

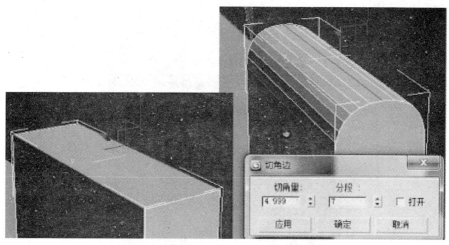

图 3—6—52　支柱切角参数设置

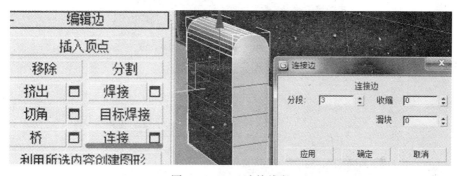

图 3—6—53　连接线段

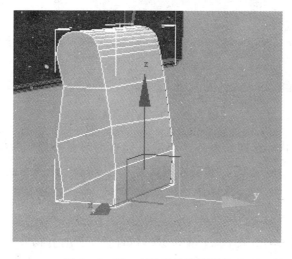

图 3—6—54　支柱调整后的造型

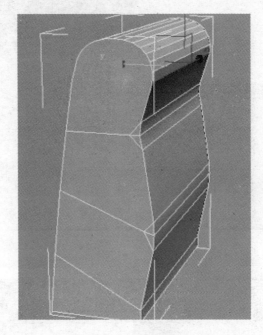

图 3—6—55 增加线段使支柱更光滑

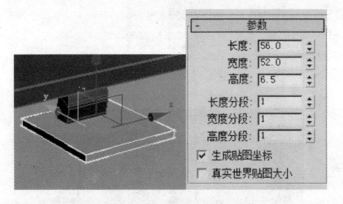

图 3—6—56 底座基本造型

（4）调整底座形状。选择长方体，单击鼠标右键，在弹出的快捷菜单中选择"转换为"→"转换为可编辑多边形"。将底座调整为如图 3—6—57 所示的形状。

（5）圆角化处理底座。选择底座顶面的四条边，选择"切角"命令，参数设置如图 3—6—58 所示。

（6）完善显示器。调整显示器各个部分的位置、赋予所有物件相应的颜色，简单的电脑显示器就制作完成了，完成图如图 3—6—59 所示。

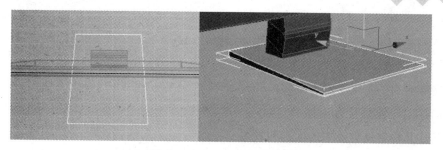

图 3—6—57　调整底座形状

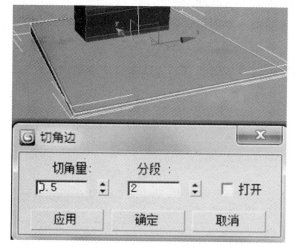

图 3—6—58　底座切角参数设置

图 3—6—59　显示器制作完成图

思 考 题

1. 音频素材的常见类型有哪些？

2. 简述图像和图形的区别。

3. 简述几种常见分辨率的区别和联系。

4. 简述"路径查找器"面板中各按钮的功能。

5. 简述制作透明蒙版效果的原理。

6. 简述动画的基本原理，并列举常见的计算机动画文件格式。

7. 简述动画的常见分类。

8. 哪种简单的方法可以在剪辑的开始或结束时使音频消隐？

9. 如何使特效从剪辑中的某一位置开始，而不是从剪辑的起始处开始？

10. 3ds Max 的主要界面元素有哪些？它们各自的功能是什么？

第 4 章

素材的合成

第 1 节　素材的简单合成

 学习目标

1. 掌握用 PowerPoint 进行多媒体素材合成的基本技能。

2. 能够熟练使用幻灯片设计、幻灯片版式、配色方案、幻灯片动画和幻灯片切换等功能。

3. 掌握插入图片、艺术字、表格、组织结构图和多媒体素材的方法。

 操作环境

Microsoft PowerPoint 2010 中文版

 知识要求

一、各种媒体文件格式转换的相关知识

1. 文本文件格式特点

文本素材是由符号、数字和汉字组成的文本。文本素材中，汉字采用 GB 码统一编码和存储，英文字母和符号使用 ASCⅡ码统一编码和存储。在多媒体应用软件中，虽然有多种媒体可供使用，但是在有大段的内容需要表达时，使用文本方式表达效果更好。尤其是在表达复杂而确切的内容时，人们总是以文本方式为主，其他方式为辅。另外，与其他媒体相比，文本是最容易处理、占用存储空间最少、最方便利用计算机输入和存储的媒体。文本显示是多媒体教学软件非常重要的一部分。多媒体教学软件中概念、定义、原理的阐述、问题的表述、标题、菜单、按钮和导航等都离不开文本信息。文本是准确有效地传播教学信息的重要媒体元素，因此，屏幕画面上少不了文本。

（1）Word 文档（.DOC、.DOCX、.RTF）。Microsoft Word 文字处理软件属于 Microsoft Office 办公组件之一。Word 文档是国际上通用的办公文本格式，适用于各类文档的编辑，如文字档案、信函、书籍和简历等。Word 文档包括文字字体、大小、段落和表格等格式。

（2）Web 页（.HTM、.HTML）。Web 页是目前国际互联网上最通用的文档格式。Web 页支持丰富的文字格式，如文字字体、文字颜色、文字大小、段落编排和表格等。Web 页主要使用 Dreamweaver 软件进行编辑。

（3）纯文本（.TXT）。纯文本文件是指在文档中不带任何的文字修饰（包括字型、字号等）、段落、表格、图像和声音等。即纯文本文件中只有文字信息和换行符。Windows 系统的"记事本"就是支持 TXT 文本编辑和存储的工具。所有的文字编辑软件和多媒体集成工具软件均可直接调用 TXT 文本格式文件。

（4）PDF 文件（.PDF）。是 Adobe 公司开发的电子文件格式。PDF 文件与操作系统平台无关，因此它成为 Internet 上进行电子文档发送和数字化信息传播的理想文档格式。PDF 文件可以将文字、字型、格式、颜色及独立于设备和分辨率的图形、图像等封装在一个文件中，还可以包含超文本链接、声音和动态影像等电子信息。一个 PDF 文件可以包含一页或多页内容，还可以单独处理各页内容，阅读效果好。

（5）WPS 文件（.WPS）。WPS 是金山公司推出的国产 Office 办公软件，界面和操作上全面兼容 Microsoft Word，其特点是软件占用空间小、自动在线升级、无缝链接电子政务、可扩展的插件机制和支持 100 多种语言等。

2. 图形、图像文件格式的特点

图形、图像文件格式的特点见表 4—1—1。

表 4—1—1   图形、图像文件格式的特点

格式	特点
BMP	位图格式，支持 1～24b 色彩，无压缩，不会丢失图像的任何细节，但是占用的存储空间大
JPG（JPEG）	一种常用的有损压缩格式，占用的存储空间小
GIF	一种图像交换格式，有动态和静态两种；只支持 256 色，所以颜色的失真度较大，但占用的存储空间小，支持透明背景
PNG	网景公司开发的支持 WWW 标准的图形格式，支持 24b 色彩，压缩时不失真并支持透明背景和渐显图像
TIF	一种跨平台的位图格式，是一种无损的压缩格式，常用来存储大幅图片
WMF	微软公司自定的矢量图格式，Office 剪辑库中的图形就是以这种格式保存的；无论放大还是缩小，其图形的清晰度不变

3. 视频文件格式的特点

视频文件格式的特点见表 4—1—2。

表 4—1—2   视频文件格式的特点

格式	特点
AVI	一种将视频信息与同步音频信息结合在一起存储的多媒体文件格式，无压缩，高质量，但占用存储空间大
MOV	Quick Time 视频处理软件所选用的视频文件格式
MPG	采用 MPEG 方法进行压缩的全运动视频图像文件格式
RM	质量不高，占用空间小，一般用于低速网上实时传输音频和视频信息的压缩格式
DAT	VCD 影碟中的视频文件
SWF	Flash 动画，占用的空间小

4. 流媒体文件格式的特点

流媒体文件格式的特点见表 4—1—3。

表 4—1—3   流媒体文件格式的特点

格式	特点
RM 或 RA	RA 是一种新型流式音频 Real Audio 文件格式。RM 则是流式视频 Real Video 文件格式
ASF	不仅可以用 Web 方式播放还可以用在浏览器以外的地方播放的影音文件
QT 或 MOV	用于保存音频和视频信息的文件格式，具有先进的音频和视频功能
MTS	用于创建、发布及浏览可以缩放的 3D 图形和开发电脑游戏

二、基本操作

1. PowerPoint 的主要功能

演示文稿是由一组内容既相互独立又相互联系的幻灯片组成的文件，应用于各类会议报告、教师授课、产品演示和广告宣传等场合。演示文稿可以通过互联网、计算机屏幕、电视显示屏或投影设备发布。

PowerPoint 是一种最常用的演示文稿制作软件，它将文本、图像、图形、声音、动画和视频等多种素材集于一体，同时又具备链接外部文件的功能，构成交互性演示文稿。

2. 幻灯片视图的应用

（1）普通视图。只显示一张幻灯片，包括大纲编辑区、幻灯片编辑区和备注编辑区三个部分。普通视图下易于对幻灯片中的对象进行编辑，如图 4—1—1 所示。

图 4—1—1 普通视图

（2）幻灯片浏览视图。由一系列缩小的幻灯片组成，可以查看幻灯片的整体效果和对幻灯片进行编辑，如图 4—1—2 所示。

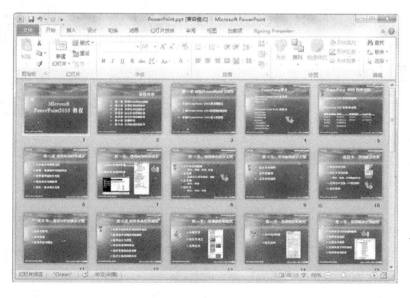

图 4—1—2 幻灯片浏览视图

（3）幻灯片放映视图。将文档窗口转换为全屏演示幻灯片放映模式。这时，文档窗口中的当前幻灯片充满整个屏幕，单击鼠标左键进入下一页幻灯片的演示，这样便可以全面地观察每张幻灯片的布局效果、动画效果、前景与背景搭配是否合适，以及幻灯片之间转换方式是否流畅。在演示过程中按"Esc"键可以返回到文档窗口，做进一步的修改或保存。

3. 插入幻灯片

幻灯片作为演示文稿的页面，在制作演示文稿时，可以随时根据需要进行添加幻灯片。

选中"幻灯片"选项卡中的幻灯片，单击"开始"→"新建幻灯片"命令按钮，打开"幻灯片版式列表"窗口，如图4—1—3所示。根据设计要求，选择一个版式，在选中的幻灯片下方自动添加一张新的幻灯片，插入位置后的所有幻灯片的编号将自动调整。

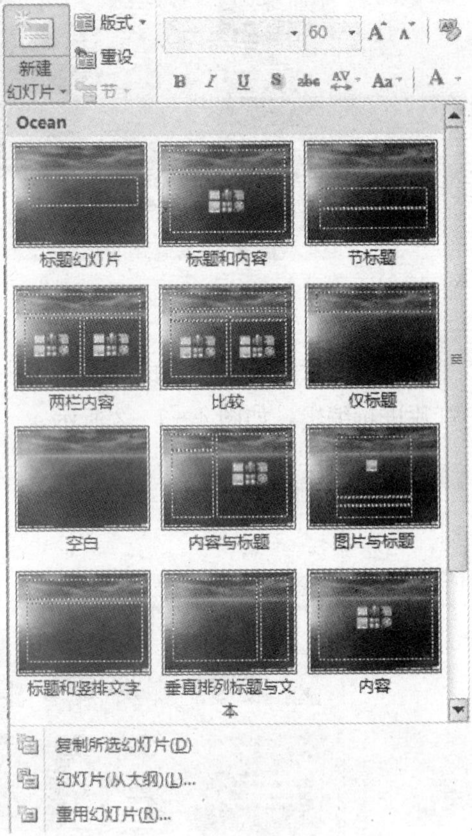

4. 删除幻灯片

在普通视图中包含"大纲"和"幻灯片"选项卡的左窗格上，单击"幻灯片"选项卡，右击要删除的幻灯片，然后单击"删除幻灯片"命令或单击要删除的幻灯片按"Del"键即完成幻灯片的删除。

5. 对象的移动

（1）微移动对象。选择对象后，按方向键来移动对象。

（2）精确移动对象。选择相应对象后，右击该对象，选择"设置形状格式"命令，精确更改对象的水平或垂直位置，如图4—1—4所示。

图4—1—3　幻灯片版式列表窗口

（3）非精确移动对象。选择对象后，按住鼠标左键拖动，虚线框表示要移动的对象，移动至目标位置时，松开鼠标左键完成移动。移动时按住Shift键对象将沿水平或垂直方面移动。

6. 版面设置

PowerPoint可以将演示文稿按不同的方式进行打印，每个页面可以包含1、2、3、4、6或9张幻灯片。单击"设计"→"页面设置"命令，可以设置幻灯片的大小和方向，如图4—1—5所示。

图 4—1—4　设置"位置"对话框

图 4—1—5　"页面设置"对话框

三、文稿内容建立

1. 幻灯片中段落编辑

（1）添加新段落。将光标在要添加段落的位置处定位，按回车键，然后键入文字即可。

（2）段落内容的对齐。选中要对齐的段落，单击"开始"菜单，在"段落"区域选择相应的对齐方式，如图4—1—6所示。

图 4—1—6　段落对齐方式

2. 插入艺术字

艺术字是一种特殊的文字，其修饰功能丰富了文字效果。单击"插入"→"艺术字"命令按钮，打开"艺术字库"对话框，如图4—1—7所示。从6行5列中选择一个样式，然后在幻灯片画面中输入文字并对文字进行编辑，如图4—1—8所示。

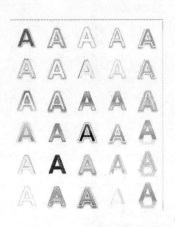

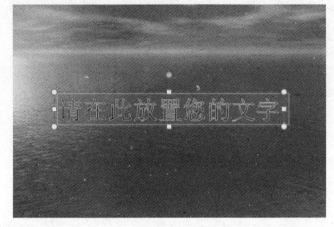

图4—1—7　"艺术字库"对话框　　　　图4—1—8　"编辑'艺术字'文字"画面

3. 建立表格

单击"插入"→"表格"→"插入表格"命令，打开"插入表格"对话框，如图4—1—9所示。设置好列数和行数，就完成了表格的建立。表格工具用法列表见表4—1—4。

4. 建立组织结构图

当在演示文稿中需要非常直观地说明层级关系的图表，可

图4—1—9　"插入表格"对话框

在幻灯片上插入能反映事物相互关系的组织结构图。单击"插入"→"SmartArt"命令按钮，打开"选择SmartArt图形"对话框，如图4—1—10所示。切换到"层次结构"选项，选择相应的组织结构图，便可建立和编辑组织结构图。

表4—1—4　　　　　　　　　　　　表格工具用法列表

序号	图标	名称	作用
1		绘制表格	手工绘制表格
2		擦除	擦除表格线
3		框线	添加边框线

序号	图标	名称	作用
4		填充颜色	添加背景色
5		合并单元格	将两个或两个以上位于同一行或者同一列的单元格合并成一个单元格
6		拆分单元格	将一个单元格拆分成两个或两个以上单元格
7		顶端对齐	单元格内容垂直方向靠上对齐
8		垂直居中	单元格内容垂直方向居中对齐
9		底端对齐	单元格内容垂直方向靠下对齐
10		平均分布各行	设置表格各行的高度相同
11		平均分布各列	设置表格各列的宽度相同
12		更改文字方向	将横排文字改为竖排文字或将竖排文字改为横排文字

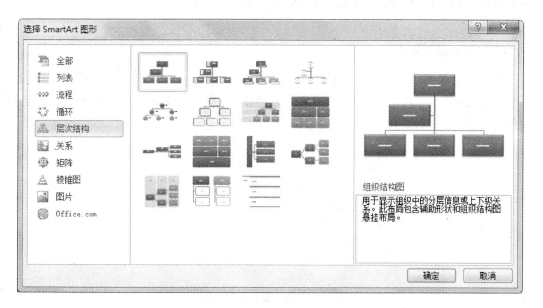

图 4—1—10 "选择 SmartArt 图形"对话框

从组织结构图窗口可以看见，组织结构图是由放置文字的框和连接这些框的线组成。单击框内任意处，便可输入框中的文字。选择"Smart-Art工具"上的相应工具，可以建立新框与原有框之间的不同关系。如果发现框与框之间的关系有误，可以在窗口中拖动某一个框到目的位置上，即可完成修改。

5. 建立自选图形

自选图形是一组现成的形状，可以丰富版面效果，包括如矩形和圆这样的基本形状，以及各种线条和连接符、箭头总汇、流程图符号、星与旗帜及标注等。当自选图形添加文字后会自动转换为文本框，而输入的文字被附加到图形上，可随图形移动或旋转。

单击"插入"→"形状"命令按钮，然后选择相应的图形，如图4—1—11所示。在幻灯片页面中，按住鼠标左键拖动，松开鼠标完成绘制。右击自选图形，选择"编辑文本"命令，即可输入文字。

6. 插入音频和视频

通过插入音频和视频对象，使演示文稿具有声情并茂的效果。选择"插入"→"视频"或"音频"命令按钮时的下级菜单，完成插入音频和视频的操作，如图4—1—12所示。

图4—1—11　自选图形列表

图4—1—12　插入音频和视频

四、幻灯片特效与播放

1. 动画效果设置方法

动画效果是幻灯片在放映时标题文字、图形图像等对象元素同时或先后以各种动态方式进入屏幕。切换效果是一张幻灯片切换到另一张幻灯片时屏幕变化的特殊效果，这样可提高受众的兴趣，吸引受众的注意力，加强演示文稿的讲演效果。

（1）动画方案。选中要设置动画的幻灯片，选择"动画"菜单，在"动画方案"列表中选择相应的动画，要删除动画则选择"无"，如图 4—1—13 所示。

"动画方案"命令是针对整张幻灯片而进行设置的，如果要针对个别对象设置动画效果需要选用"添加动画"命令按钮。

图 4—1—13　动画方案列表

（2）自定义动画。自定义动画是针对幻灯片内容对象设计的，因此必须在普通视图下操作。选中要设置动画效果的对象，选择"动画"→"添加动画"命令按钮，在"动画列表"中选择动画类型，如图4—1—13所示。

可以为对象加入进入、强调、退出等各种动画效果，单击动画效果旁的下拉式按钮，选择"效果选项"命令，可进行个性化设置，如图4—1—14所示。

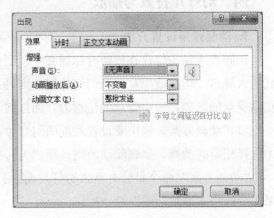

图4—1—14　"效果选项"对话框

（3）幻灯片切换。选中要切换的幻灯片，选择"切换"菜单，在"幻灯片切换"设置面板中按要求选择一种切换方式、设置速度、选择声音和切换方式，单击"预览"按钮，可查看演示效果，如图4—1—15所示。

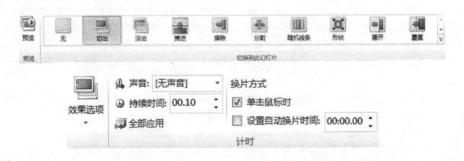

图4—1—15　幻灯片切换设置面板

2. 保持幻灯片外观一致的方法

（1）应用设计模板。套用现成的模板可以方便快速地建立起一组精美的演示文稿。将显示模式切换到幻灯片浏览视图，选中要套用模板的幻灯片；选择"设计"菜单，在"幻灯片设计"列表中选择"设计模板"选项；查看各个模板，右击模板弹出快捷菜单，选择相应的命令即可应用设计模板，如图4—1—16所示。

（2）应用幻灯片的母版。演示文稿中有时需要显示一些在每一张幻灯片的同一位置上都出现的对象，如幻灯片的页码、演讲的日期和时间或标志小图等。

每一张幻灯片都可看做由前景和背景组成，前景上放置每张幻灯片上各自不同的内容，背景上可以放置整套幻灯片中需要统一出现的内容。

图4—1—16 设计模板列表

幻灯片母版有四种：幻灯片母版、标题母版、讲义母版和备注母版。从"视图"→"母版视图"区域的子命令中可以选择幻灯片母版样式，其中最常用的是幻灯片母版，如图4—1—17所示。从图中可以看出，幻灯片页面被分成几个区域，每一个区域的内容和格式都可分别进行定义，这些格式将作用于整套演示文稿的每一张幻灯片，以保证演示文稿具有统一的风格。

（3）设置幻灯片背景。在普通视图状态下，右击幻灯片背景，选择"设置背景格式"命令，如图4—1—18所示。可以单击"全部应用"按钮，对全部演示文稿的背景进行统一的设置；也可以单击"关闭"按钮，对某张幻灯片的背景进行单独的设置。

图4—1—17 幻灯片母版

图4—1—18 "设置背景格式"对话框

在"设置背景格式"对话框中，选择不同的选项，可以设置渐变填充（见图4—1—19）、图片或纹理填充（见图4—1—20）、图案填充（见图4—1—21）等效果。

3. 幻灯片放映设置

（1）改变幻灯片演示顺序。选中对象，选择"插入"→"动作"命令按钮，打开"动作设置"对话框，如图4—1—22所示。

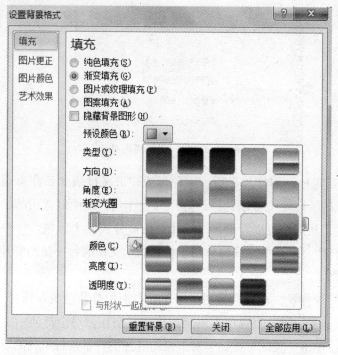

图 4—1—19 "渐变填充"对话框

图 4—1—20 "图片或纹理填充"对话框

图 4—1—21 "图案填充"对话框

图 4—1—22 "动作设置"对话框

1）对象动作。超级链接、运行程序、播放声音和运行宏等。

2）对象动作激发方式。单击鼠标和鼠标移过。

（2）添加动作按钮。选择"插入"→"形状"命令按钮下的"动作按钮"，如图4—1—23所示。在弹出的动作按钮选择列表中（鼠标指针移到按钮上时，便会出现相应按钮的说明文字）选择一个动作按钮；在幻灯片上拖动鼠标绘制，并在弹出的"动作设置"对话框中做相应的设置。

图4—1—23　动作按钮设置

（3）循环放映控制。选择"幻灯片放映"→"设置放映方式"命令按钮，打开"设置放映方式"对话框，如图4—1—24所示。幻灯片循环放映控制是用于无人自动播放，但在没有设置每张幻灯片的播放时间的情况下，将永远停留在第1张幻灯片上。

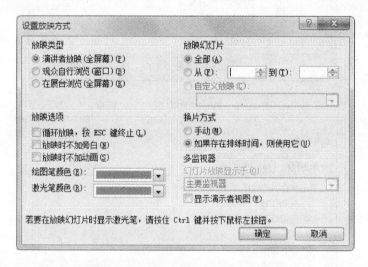

图4—1—24　"设置放映方式"对话框

（4）排列计时。无人自动循环播放，必须通过排列计时设置每一张幻灯片自动演示时的最长展示时间。排列计时既可控制演讲的速度，又可把握演讲的时间。

在"幻灯片浏览视图"中，选择"幻灯片放映"→"排列计时"命令按钮，立即进入幻灯片放映计时状态。在排练计时过程中，屏幕左上角显示如图4—1—25所示的数字计时器形式的"录制"对话框。"预演"对话框出现时，秒钟便开始走动，进入试演讲根据试演讲时间，通过手工方式来调整对象动画和幻灯片的时间间隔。

图4—1—25　"录制"对话框

技能训练

使用 PowerPoint 合成素材（彩图 12）

操作步骤

步骤 1　幻灯片版面设计。

（1）进入 PowerPoint，打开素材文件。"开始"→"程序"→"Microsoft Office"→"Microsoft Office PowerPoint 2010"；在 PowerPoint 窗口中，选择"文件"→"打开"命令，打开素材文件夹中的"powerpoint. ppt"文件。

（2）为第 1 张、第 2 张幻灯片设置设计模板。在"幻灯片浏览视图"中，选中第 1 张、第 2 张幻灯片，选择"设计"菜单，在设计模板列表中（见图 4—1—16）右击"Capsules"模板弹出快捷菜单，选择"应用于选定幻灯片"命令。

（3）为第 1 张、第 2 张幻灯片设置不同的版式。在"普通视图"中，选中第 1 张幻灯片，选择"开始"→"版式"命令按钮；在幻灯片版式列表中（见图 4—1—3）选择"标题幻灯片"版式；再选中第 2 张幻灯片，在幻灯片版式列表中选择"标题和内容"版式。

（4）利用幻灯片母版，设置统一的标题。选择"视图"→"幻灯片母版"命令按钮，进入幻灯片母版设置界面（见图 4—1—17），单击标题区，选择"开始"菜单，在"字体"区域单击"打开"按钮，打开"字体"对话框，如图 4—1—26 所示，设置西文字体为"Arial"、中文字体为"宋体"、字号为"54 磅"、颜色为"深蓝色"、效果为"阴影"，并居中。

图 4—1—26　"字体"对话框

步骤2　幻灯片内容设置。

（1）设置第2张幻灯片的项目符号。在"普通视图"中，选中第2张幻灯片，选中带项目符号文字，选择"开始"菜单，在"段落"区域单击"项目符号"命令按钮，打开"项目符号和编号"对话框，如图4—1—27所示。单击"自定义"按钮，选择"★"符号、设置大小为"80％"、颜色为"深蓝色"。

（2）设置第2张幻灯片的项目符号文字动画效果。选中项目符号文字，选择"动画"→"添加动画"→"更多进入效果"命令，如图4—1—13所示。在自定义动画列表中，选择"基本型"→"百叶窗"，设置方向为"水平"、速度为"非常快"，并设置声音为"打字机"。

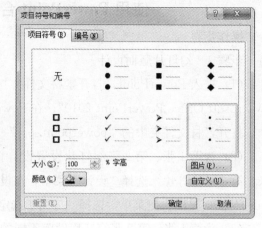

图4—1—27　"项目符号和编号"对话框

（3）在第3张幻灯片中建立组织结构图。在"普通视图"中，选中第3张幻灯片，选择"插入"→"SmartArt"命令按钮，参照如图4—1—28所示，建立组织结构图。

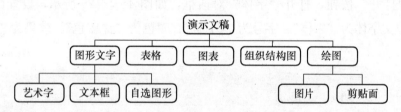

图4—1—28　组织结构图图示

（4）设置第3张幻灯片的背景为白色大理石。选择"设计"→"背景样式"→"设置背景格式"命令，打开"设置背景格式"对话框，选择"图片或纹理填充"选项，打开如图4—1—20所示的对话框，在"纹理"下拉列表中选择"白色大理石"，单击"关闭"按钮。

（5）在第4张幻灯片中建立6行4列的表格。在"普通视图"中，选中第4张幻灯片，选择"插入"→"表格"→"插入表格"命令，如图4—1—9所示，输入行列参数。参照如图4—1—29所示输入内容，设置表格边框为"深蓝色线条"，外框线条宽度为"3磅"、内框线条宽度为"1磅"，设置表格的填充颜色。

（6）设置第4张幻灯片的背景为雨后初晴。选择"设计"→"背景样式"→"设置背景格式"命令，打开"设置背景格式"对话框，选择"渐变填充"选项，打开如图4—1—19所示对话框，选择预设颜色为"雨后初晴"，单击"关闭"按钮。

(7) 在第5张幻灯片中建立艺术字和自选图形。在"普通视图"中，选中第5张幻灯片，选择"插入"→"艺术字"命令按钮，选择一个艺术字样式，输入文字，选择"插入"→"形状"命令按钮，选择一个笑脸并输入文字，参照如图4—1—30所示效果。

模块名称	合计课时数	实训课时数	理论课时数
基础知识	18	2	16
素材的收集	14	6	8
素材的制作	80	40	40
素材的合成	68	42	26
总课时数	180	90	90

图4—1—29 表格图示

图4—1—30 艺术字和自选图形图示

步骤3 设置幻灯片播放方式。

(1) 在第2张幻灯片中设置超链接。在"普通视图"中，选中第2张幻灯片，选中相应的项目符号文字，选择"插入"→"动作"命令按钮，打开"动作设置"对话框，如图4—1—22所示。设置超链接到"幻灯片"，选择相应的一张幻灯片；选中"结束"文字，设置超链接到"结束放映"。

(2) 设置所有幻灯片的切换方式。在"幻灯片浏览视图"中，选中所有幻灯片，选择"切换"菜单。在幻灯片切换设置面板中（见图4—1—15），选择"横向棋盘式"切换效果、速度为中速、当自动播放时每隔3秒切换一次，单击"全部应用"按钮完成设置。

第2节 网页素材的合成

 **学习目标**

1. 掌握用Dreamweaver进行简单网页设计制作的基本技能。

2. 能够熟练地建立表格、超链接和表单，插入图像及多媒体元素。

3. 掌握一些常用的页面布局方式。

操作环境

Dreamweaver CS 5.0 中文版

 知识要求

一、超文本与超媒体技术

超链接是互联网的灵魂，将物理上无序的内容组成一个有机的统一体。每个网站都由很多网页组成，网页之间通过超链接进行联系，不同的网站之间还可以通过超链接相互通信。完善的超链接会使网页无所不达、无处不在，让更多的人能够浏览到网页。在浏览网页时，当用户将鼠标指针移动到文本或图像上时，鼠标指针会改变形状或颜色，这是在提示用户此处为链接对象。用户只需单击这些链接对象，就可完成打开链接的网页、下载文件和收发邮件等操作。

1. 超文本的基本要素

超文本是以文本为链接对象的一种常用的链接方式，是由节点和反映节点之间关系的链组成的网。每个节点都链接在其他节点上，用户可以对网进行浏览、查询等操作。

（1）节点。节点是表达信息的单位，是围绕一个特殊主题组织起来的数据集合。节点的内容可以是文本、图形、图像、动画、音频和视频等，也可以是一般的计算机程序。

（2）链。超媒体链又称为超链，是节点之间的信息联系，它以某种形式将一个节点与其他节点连接起来。由于超媒体没有规定链的形式，因此，超文本与超媒体系统之间的链是不同的，信息间联系的多样性引起链的种类复杂多样，但最终的效果却是一致的，即建立起节点之间的联系。

2. 超媒体概念

超媒体是超文本和多媒体在浏览信息时的结合。除了使用文本外，还使用声音、图形、图像、动画和视频片段等多种媒体来表示信息，因此建立的链接关系是文本、声音、图形、图像、动画和视频片段之间的链接关系。

3. 超文本和超媒体的特点

超文本是一种文本，它和书本上的文本是一样的。两者之间的区别是，传统文本是以线性方式组织的，而超文本是以非线性方式组织的。这里的"非线性"是指文本中遇到的一些相关内容通过链接组织在一起，用户可以很方便地浏览这些内容。这种文本的组织方式与人们的思维、工作方式比较接近。

超媒体与超文本之间的不同之处是，超文本主要是以文字的形式表示信息，建立的链接关系主要是文句之间的链接关系。超媒体除了使用文本外，还使用图形、图像、声音、动画或影视片断等多种媒体来表示信息，因此建立的链接关系是文本、图形、图像、声音、动画和影视片断等媒体之间的链接关系。

4. HTML 分析

网页源代码一般都是由 HTML 语言编写的。HTML 语言是网络中最通用的语言，也是一种简单的标记式、描述性语言，由 HTML 语言编写的网页可以被任何系统和浏览器打开和浏览。

组成 HTML 网页文档的字符是 ASC Ⅱ 编码，因此只需要一个普通的文本编辑器即可完成 HTML 网页文档的编辑。

（1）HTML 文档结构

<! DOCTYPE html PUBLIC "-//W3C//DTD XHTML 1.0 Transitional//EN" "http://www.w3.org/TR/xhtml1/DTD/xhtml1-transitional.dtd">

<html xmlns="http://www.w3.org/1999/xhtml">

<head>

<meta http-equiv="Content-Type" content="text/html; charset=utf-8" />

<title>无标题文档</title>

</head>

<body>

</body>

</html>

HTML 基本结构具有如下特征：

1）HTML 源代码文件一般包括两个部分，头部区域（<head>和</head>标记之间）和页面区域（<body>和</body>标记之间）。

2）在 HTML 源代码中用"<"和">"符号作为一种特殊的标记，"<"和">"配合使用，这两个符号之间包含一个字符或一个词语。

3）一般情况下，标记都是成对出现的，每个起始标记会对应一个结束标记，结束标记总是在起始标记前加一个斜杠。

4）HTML 源代码文件是分层组织的，最外层是<html>和</html>标记。在<html>标记内一般有两层：head 层和 body 层。在这些标记内可以嵌套其他标记，头部区域存储网页的基本信息，body 区域显示页面的内容。

（2）HTML 语言的基本语法。HTML 语言是由标记、标记的属性以及标记所包含的文本、图像、动画等网页内容这三部分组成。为了明确标记的功能，往往需要附加一些属性来对标记显示的内容进行描述，对这些属性及其属性值所作的规定就是语法。

1）HTML 语言是不区分大小写。

2）任何空格键、Tab 键和回车键在源代码中都是无效的。

3）在 HTML 源代码中，每个标记可以根据需要增加无数个属性。

（3）常用的 HTML 标记见表 4—2—1。HTML 语言是一种标记语言，它定义了一系列特殊标记，用以表示页面中不同内容的显示样式及其语义特征。

表 4—2—1 　　　　　　　　　　　　HTML 常用标记列表

标记类型	名称	说明
文档标记		
`<html>`	文档标记	网页文档的标记，显示浏览器如何解析
`<head>`	头部标记	提供文档的整体信息，是所有头部元素的容器
`<title>`	标题标记	定义文档标题，将出现在浏览器标题栏中
`<body>`	页面标记	定义文档的主体，包含文档的所有内容
版式标记		
`<p>`	段落	定义内容以段落的形式表示
` `	换行	强制标记后面的内容换行显示
`<hr>`	水平线	插入一条水平线
`<center>`	居中	使内容居中显示
字体标记		
`<b>`	粗体	显示为加粗效果
`<i>`	斜体	显示为斜体效果
`<u>`	下划线	为文本定义下划线
`<h1>`···`<h6>`	1 级···6 级标题	定义标题 1 级最大、6 级最小
`<font>`	字体标记	设置字体、大小、颜色
`<big>`	放大	定义字体稍微变大显示
`<small>`	缩小	定义字体稍微缩小显示
列表标记		
`<ol>`	有序列表	项目将以数字、字母顺序排列
`<ul>`	无序列表	项目将以统一符号排列
`<li>`	列表项目	列表中的项目单行显示
`<dl>`	定义列表	结合`<dt>`定义列表中的项目和`<dd>`描述列表中的项目
`<dt>`	定义列表标题	定义列表标题
`<dd>`	定义列表项	定义列表项

标记类型	名称	说明
表格标记		
\<table\>	表格标记	定义表格框架
\<tr\>	表格行	定义表格中的行
\<td\>	表格单元格	定义表格的单元格内容及属性
\<th\>	表格表头	相当于\<td\>，但会加粗居中显示
表单标记		
\<form\>	表单标记	表单框架，包含所有表单元素，用于向服务器传输数据
\<textarea\>	多行文本框	定义多行文本框
\<input\>	输入标记	定义输入表单，用于收集用户信息，有多种输入形式
\<select\>	选择标记	定义下拉菜单或列表框
\<option\>	选项	定义菜单/列表的选项，位于\<select\>元素内部
图像标记		
\<img\>	图像标记	在网页中插入图像及设定图像属性
链接标记		
\<a\>	链接标记	为对象插入链接
框架标记		
\<iframe\>	浮动框架	在网页中插入的框架
图像地图		
\<map\>	图像地图名称	定义图像地图（带有可单击区域的图像）的名称
\<area\>	热点区域	定义热点区域，即可单击区域
多媒体		
\<bgsound\>	网页背景声音	在网页中播放背景音乐
\<embed\>	多媒体	加入声音、音乐或影像
其他标记		
\<marquee\>	走马灯	使文字以走马灯的形式显示
\<meta\>	头部信息说明	提供网页相关信息供浏览器使用，位于文档头部
\<link\>	外部链接	导入外部文件，最常用于链接样式表
样式标记		
\<style\>	样式表	定义样式表或导入外部样式表
\<span\>	行内标记	修饰行内对象
\<div\>	结构标记	定义文档结构

二、网页制作

1. 文本与文档

（1）设置页面属性。选择"修改"→"页面属性"命令，打开"页面属性"对话框，在对话框左侧"分类"选项列表中选择"外观（CSS）"选项，如图4—2—1所示。为页面设置一些默认的属性，比如网页背景色、背景图像、网页文字的字体、字号、颜色和网页边界等。按照文本的排版规则，正文与纸张的四周之间需要留有一定的距离，这个距离叫页边距，默认状态下网页的上、下、左、右边距均不为零。

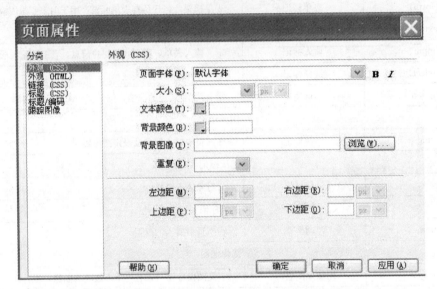

图4—2—1　"页面属性—外观（CSS）"对话框

在"分类"选项列表中选择"链接（CSS）"选项，如图4—2—2所示。通过"链接（CSS）"选项可以设置链接文字的格式。

在"分类"选项列表中选择"标题/编码"选项，如图4—2—3所示。通过"标题/编码"选项可以设置网页的标题和网页的文字编码。页面标题可以帮助用户理解所查看网页的内容，并在用户的历史记录和书签列表中标出页面。

（2）设置文本缩进格式。选择"格式"→"缩进"命令或"格式"→"凸出"命令，使段落向右或向左移动。

（3）插入特殊字符。选择"插入"→"HTML"→"特殊字符"→"其他字符"命令，打开"插入其他符号"对话框，如图4—2—4所示，选择需要插入的特殊字符。

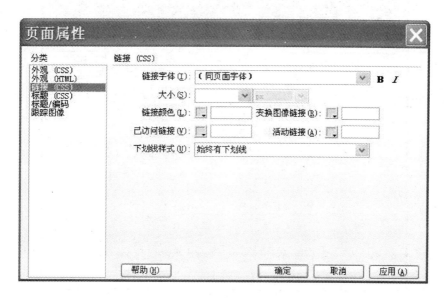

图 4—2—2 "页面属性—链接（CSS）"对话框

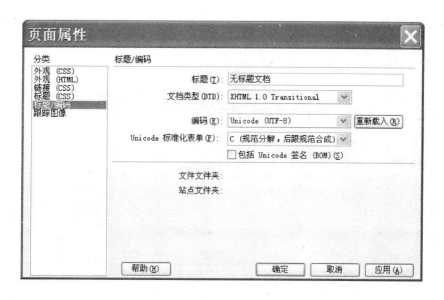

图 4—2—3 "页面属性—标题/编码"对话框

（4）插入水平线。水平线可以将文字、图像、表格等对象在视觉上分割开来，选择"插入"→"HTML"→"水平线"命令，可以创建水平线。

选中水平线，在"属性"面板中，可以根据需要对水平线的属性进行修改。

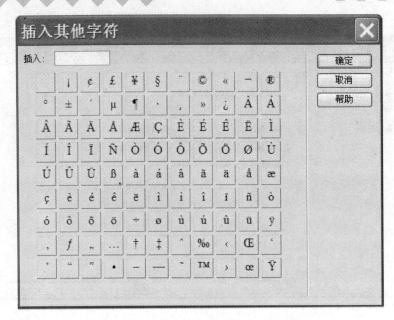

图4—2—4 "插入其他符号"对话框

2. 图像和多媒体

（1）插入图像。在网页中将插入点放置在要插入图像的位置，选择"插入"→"图像"命令，打开"选择图像源文件"对话框，如图4—2—5所示。

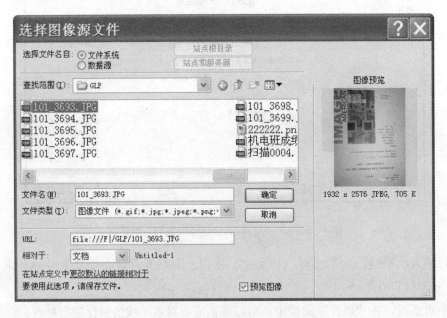

图4—2—5 "选择图像源文件"对话框

（2）设置图像属性。插入图像后，在"属性"面板中显示该图像的属性，如图4—2—6所示。

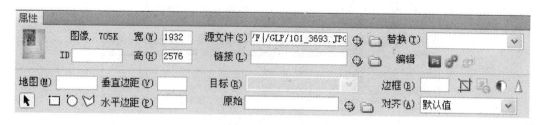

图4—2—6　"图像属性"面板

"宽"和"高"选项——以像素为单位指定图像的宽度和高度。设置图像的宽和高虽然可以缩放图像的显示大小，但不会缩短下载时间。

"源文件"选项——指定图像的源文件。

"链接"选项——指定单击图像时要显示的网页文件。

"替换"选项——指定文本。在浏览器下载图像前，用文本来替换图像的显示。

"编辑"按钮——启动外部图像编辑器，编辑选中的图像。

"编辑图像设置"按钮——弹出"图像预览"对话框，在对话框中对图像进行设置。

"裁剪"按钮——修剪图像的大小。

"重新取样"按钮——对已调整过大小的图像进行重新取样，以提高图片的品质。

"亮度和对比度"按钮——调整图像的亮度和对比度。

"锐化"按钮——调整图像的清晰度。

"地图"和"指针热点工具"选项——用于设置图像的热点链接。

"垂直边距"和"水平边距"选项——指定沿图像边缘添加的边距。

"目标"选项——指定链接页面应该载入的框架或窗口。

1）"_blank"选项。将链接文件加载到未命名的新浏览器窗口中。

2）"_parent"选项。将链接文件加载到包含该链接的父框架或窗口中，如果包含链接的框架不是嵌套的，则将链接文件加载到整个浏览器窗口中。

3）"_self"选项。将链接文件加载到链接所在的同一框架或窗口中。

4）"_top"选项。将链接文件加载到整个浏览器窗口中，并删除所有框架。

"原始"选项——为了节省用户浏览网页的时间，可通过此选项指定在载入主图像之前快速载入的低品质图像。

"边框"选项——指定图像边框的宽度。

"对齐"选项——指定同一行图像和文本的对齐方式。

（3）插入 Flash 动画。将插入点放置在希望插入 Flash 的位置，选择"插入"→"媒体"→"SWF"命令，打开"选择 SWF"对话框，如图 4—2—7 所示。选择一个后缀为".swf"的文件，单击"确定"按钮，Flash 占位符就出现在网页中。

图 4—2—7　"选择 SWF"对话框

3. 超链接

（1）创建文本链接。在网页中选中作为链接对象的文本，在链接文本的"属性"面板中，选择"链接"选项的文本框便可指定链接文件。

（2）电子邮件链接。在网页中选择需要添加电子邮件链接的对象，选择"插入"→"电子邮件链接"命令，打开"电子邮件链接"对话框，如图 4—2—8 所示。在"文本"选项的文本框中输入要在网页中显示的链接文字，在"电子邮件"选项的文本框中输入完整的邮件地址，便完成电子邮件链接的制作。

图 4—2—8　"电子邮件链接"对话框

（3）图像超链接。图像超链接就是将图像作为链接对象，当用户单击该图像时可打开链接网页或文档。

在网页中选择要链接的图像，在"属性"面板的"链接"选项文本框中指定链接文件。

（4）命名锚记超链接。锚点也称为书签，就是在网页中作标记。每当要在网页中查找特定主题的内容时，只需快速定位到相应的标记（锚点）处即可，这就是锚点链接。因此，建立锚点链接要分两步实现，第一步要在网页的不同主题内容处定义不同的锚点，第二步应分别定义与锚点相关的链接。

1）创建锚点。将光标移动到某一个主题内容处，选择"插入"→"命名锚记"命令，打开"命名锚记"对话框，如图4—2—9所示。在"锚记名称"选项中输入锚记名称。

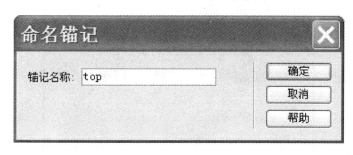

图4—2—9　"命名锚记"对话框

2）建立锚点链接。选择链接对象，在"属性"面板的"链接"选项文本框中直接输入"#锚点名"即可。

（5）热点链接。图片链接是指一张图只能对应一个链接，而热点链接是在一张图上创建多个链接，用于打开不同的网页。

选取一张图片，在"属性"面板的"地图"选项下方选择热区创建工具，如图4—2—10所示。

"指针热点工具"——用于选择不同的热区。

"矩形热点工具"——用于创建矩形热区。

"圆形热点工具"——用于创建圆形热区。

"多边形热点工具"——用于创建多边形热区。

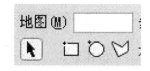

图4—2—10　热区创建工具

选择"矩形热点工具""圆形热点工具"或"多边形热点工具"，在图片上拖曳出相应形状的蓝色热区，在"链接"选项的文本框中输入要链接的网页地址即完成热点链接。

4. 使用表格

表格是由若干行和列组成，行、列交叉的区域称为单元格。一般以单元格为单位来插入网页元素。要将相关数据有序地组织在一起，必须先插入表格，然后才能有效地组织数据。

（1）插入表格。将插入点放在合适的位置，选择"插入"→"表格"命令，打开"表格"对话框，如图4—2—11所示。

图4—2—11　"表格"对话框

"行数"选项——设置表格行数。

"列"选项——设置表格列数。

"表格宽度"选项——以像素为单位或以浏览器窗口宽度的百分比来设置表格的宽度。

"边框粗细"选项——以像素为单位设置表格边框的宽度。数值为0时，不显示表格的边框。

"单元格边距"选项——设置单元格边框与单元格内容之间的像素数。

"单元格间距"选项——设置相邻单元格之间的像素数。

（2）表格各元素的属性

1）表格的属性。表格"属性"面板如图4—2—12所示。

"行"和"列"选项——用于设置表格中行和列的数目。

图 4—2—12 表格"属性"面板

"宽"选项——以像素为单位或以浏览器窗口宽度的百分比来设置表格的宽度。

"填充"选项——单元格边框与单元格内容之间的像素数。

"间距"选项——相邻单元格之间的像素数。

"对齐"选项——表格在页面中相对于同一段落其他元素的显示位置。

"边框"选项——以像素为单位设置表格边框的宽度。

"清除列宽"按钮和"清除行高"按钮——从表格中删除所有指定列宽或行高的数值。

"将表格宽度转换成像素"按钮——将表格每列宽度的单位转换成像素。

"将表格宽度转换成百分比"按钮——将表格每列宽度的单位转换成百分比。

"背景颜色"选项——设置表格的背景颜色。

"边框颜色"选项——设置表格边框的颜色。

"背景图像"选项——设置表格的背景图像。

2）单元格和行、列的属性。单元格和行、列的"属性"面板如图 4—2—13 所示。

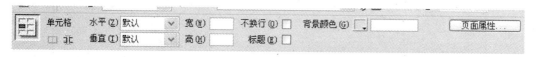

图 4—2—13 单元格和行、列的"属性"面板

"合并所选单元格，使用跨度"按钮——将选定的多个单元格、选定的行或列的单元格合并成一个单元格。

"拆分单元格为行或列"按钮——将选定的一个单元格拆分成多个单元格。一次只能对一个单元格进行拆分。

"水平"选项——设置行或列中内容的水平对齐方式，包括"默认""左对齐""居中对齐"和"右对齐"4 个选项值。

"垂直"选项——设置行或列中内容的垂直对齐方式，包括"默认""顶端""居中""底部"和"基线"5 个选项值。

"不换行"选项——设置单元格文本是否换行。如果选择"不换行"选项，当输入的数据超出单元格的宽度时，会自动增加单元格的宽度来容纳数据。

"背景颜色"选项——设置单元格的背景颜色。

5. 使用框架

框架是对浏览器窗口进行划分后的子窗口。每一个子窗口都是一个框架，显示一个独立的网页内容，这组框架结构被定义在框架集的 HTML 网页中。

当一个页面被划分成几个框架时，系统会自动建立一个框架集，用来保存网页中所有框架的数量、大小、位置及每个框架内显示的网页名等信息。

（1）建立框架集。选择"文件"→"新建"命令，打开"新建文档"对话框，在左侧的列表中选择"示例中的页"选项，在"示例文件夹"选项中选择"框架页"，在右侧的"示例页"选项框中选择一个框架集，如图 4—2—14 所示。

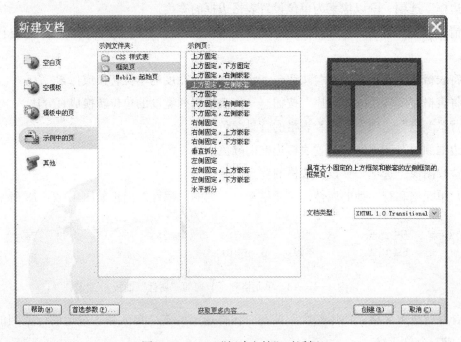

图 4—2—14 "新建文档"对话框

当框架集出现在窗口时，将打开"框架标签辅助功能属性"对话框，如图 4—2—15 所示，为每个框架进行"框架"和"标题"设置。

（2）保存框架。保存框架时，分两步进行，先保存框架集，再保存框架。

1）保存框架集。单击框架边框选择框架集，选择"文件"→"保存框架"命令，保存框架集。

2）保存框架。将插入点设置在框架中，选择"文件"→"保存框架"命令，保存框架。

（3）框架属性设置

1）框架属性。选中要设置属性的框架，显示框架"属性"面板，如图4—2—16所示。

"框架名称"选项——可以为框架命名，框架名称以字母开头，由字母、数字和下划线组成。

"源文件"选项——提示框架当前显示的网页文件的名称及路径。

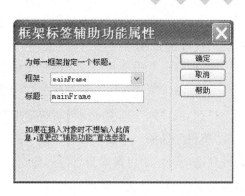

图4—2—15 "框架标签辅助功能属性"对话框

"边框"选项——设置框架内是否显示边框。

"滚动"选项——设置框架内是否显示滚动条。

"不能调整大小"选项——设置用户是否可以在浏览器窗口中通过拖曳鼠标手动修改框架的大小。

"边框颜色"选项——设置框架边框的颜色。

"边界宽度""边界高度"选项——以像素为单位设置框架内容和框架边界之间的距离。

图4—2—16 框架"属性"面板

2）框架集的属性。选中要设置属性的框架集，显示框架集"属性"面板，如图4—2—17所示。

图4—2—17 框架集"属性"面板

"边框"选项——设置框架集中是否显示边框。若显示边框则设置为"是"，若不显示边框则设置为"否"。

"边框颜色"选项——设置框架集中所有边框的颜色。

"边框宽度"选项——设置框架集中所有边框的宽度。

"行"或"列"选项——设置选定框架集行、列的框架大小。

"单位"选项——设置"行"或"列"选项的设定值是绝对值或相对值。（"像素"：将行或列选项设定为以像素为单位的绝对值；"百分比"：设置行或列相对于其框架集的总高度或总宽度的百分比，是相对值。）

6. 使用表单

（1）创建表单。表单是一个容器对象，用来存放表单对象，并负责将表单对象的值提交给服务器的某个程序进行处理。

在网页中，将插入点放在希望插入表单的位置，选择"插入"→"表单"命令，则在网页中出现一条红色的虚轮廓线，用来指示表单域。

（2）表单的属性。在网页中选择表单，则显示如图 4—2—18 所示的表单属性。

图 4—2—18 表单"属性"面板

"表单名称（ID）"选项——为表单输入一个名称。

"动作"选项——识别处理表单信息的服务器端的应用程序。

"方法"选项——定义表单数据的处理方式。（GET：将在 HTTP 请求中嵌入表单数据，并将数据传送给服务器；POST：将值附加到请求该页的 URL 中，并将值传送给服务器。）

"编码类型"选项——如选择"MIME"类型，指定对提交给服务器进行处理的数据使用 MIME 编码类型。

"目标"选项——指定一个窗口，在该窗口中显示调用程序所返回的数据。

（3）文本域。使用文本域来接收用户输入的信息，文本域包括单行文本域、多行文本域和密码文本域 3 种形式。

1）单行文本域。单行文本域通常提供单字或短语响应。选择"插入"→"表单"→"文本域"命令，在网页的表单中出现一个单行文本域，在"属性"面板中显示单行文本域的属性，如图 4—2—19 所示。

2）密码文本域。密码文本域是一种特殊类型的文本域。当用户在密码域中输入文本时，所输入的文本被替换为星号或项目符号，以隐藏该文本，保护文本信息。

图 4—2—19 文本域"属性"面板

在建立文本域后，在"属性"面板中选择"密码"类型按钮即可。

3）多行文本域。多行文本域为用户提供一个较大的区域，供其输入文本，可以指定最多输入的行数以及对象的字符宽度。如果输入的文本超过这些设置，则该文本域将按照换行属性中指定的设置进行滚动。

（4）单选按钮。单选按钮的作用在于只能选中一个列出的选项。为了使单选按钮的布局更加合理，通常采用逐个插入单选按钮的方式。若要在表单域中插入单选按钮，先将光标放在表单轮廓内需要插入单选按钮的位置，选择"插入"→"表单"→"单选按钮"命令，然后在单选按钮的属性面板中设置各项属性，如图 4—2—20 所示。

图 4—2—20 单选按钮"属性"面板

"单选按钮"选项——用于输入单选按钮的名称。

"选定值"选项——设置单选按钮代表的值。

"初始状态"选项——设置单选按钮的初始状态，即当浏览器中载入表单时，该单选按钮是否处于被选中的状态。一组单选按钮中只能有一个按钮的初始状态被选中。

（5）复选框。复选框允许在一组选项中选择多个选项。为了使复选框的布局更加合理，通常采用逐个插入复选框的方式。若要在表单域中插入复选框，先将光标放在表单轮廓内需要插入复选框的位置，选择"插入"→"表单"→"复选框"命令，然后在复选框的属性面板中设置各项属性，如图 4—2—21 所示。

图 4—2—21 复选框"属性"面板

"复选框名称"选项——用于输入复选框组的名称。一组复选框中每个复选框的名称相同。

"选定值"选项——设置复选框代表的值。

"初始状态"选项组——设置复选框的初始状态，即当浏览器中载入复选框时，该复选框是否处于被选中的状态。一组复选框中可以有多个按钮的初始状态为被选中。

（6）列表和菜单。一个列表可以包含一个或多个选项，当需要显示多个选项时，菜单就显得非常有用。表单中包含两种类型的菜单，一种是单击菜单时出现下拉菜单，称为下拉菜单；另一种菜单则显示为一个有选项的可滚动列表，用户可以从该列中选择选项，称为滚动列表。

若要在表单域中插入列表和菜单，先将光标放在表单轮廓内需要插入的位置，然后选择"插入"→"表单"→"选择（列表/菜单）"命令，接着在"属性"面板中设置各项属性，如图4—2—22所示。

图4—2—22　选择"属性"面板

"选择"选项——用于输入列表或菜单的名称。

"类型"选项——若添加下拉菜单，则选择"菜单"单选项；若添加可滚动列表，则选择"列表"单选项。

"高度"选项——设置滚动列表的高度，即列表中一次最多可显示的项目数。

"选定范围"选项——设置是否可以从列表中选择多个项目。

"初始化时选定"选项——设置列表或菜单中默认选择的菜单项。

"列表值"按钮——单击此按钮，打开如图4—2—23所示的"列表值"对话框，在该对话框中单击"加号"或"减号"按钮，向列表或菜单中添加或删除列表项。

（7）提交、重置和无按钮。按钮用于控制表单的操作，一般情况下，表单中设有提交按钮、重置按钮和普通（无）按钮3种按钮形式。提交按钮是将表单数据提交到指定的处理程序中进行处理；重置按钮是将表单中的内容还原为初始状态；普通（无）按钮可以为按钮添加行为和脚本。

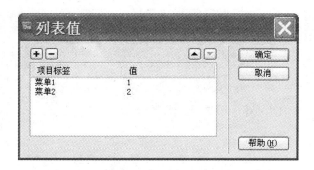

图 4—2—23 "列表值"对话框

若要在表单域中插入按钮，先将光标放在表单轮廓内需要插入按钮的位置，然后选择"插入"→"表单"→"按钮"命令，接着在"属性"面板中设置各项属性，如图 4—2—24 所示。

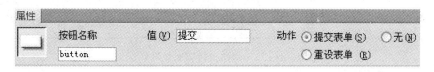

图 4—2—24 按钮"属性"面板

"按钮名称"选项——用于输入按钮的名称，每个按钮的名称都不相同。

"值"选项——设置按钮上显示的文本。

"动作"选项——设置单击按钮时将发生的操作（提交表单：将表单数据提交到指定的处理程序中进行处理；重设表单：将表单域内的各对象值还原为初始值；无：可以为按钮添加行为或脚本）。

 **技能训练**

使用 Dreamweaver 合成素材

操作步骤

步骤 1　建立一个名字为学号的文件夹，并创建站点。

（1）建立文件夹。右击"开始"菜单，选择"资源管理器"命令，在"资源管理器"窗口左侧单击"C"盘图标，然后在窗口右侧右击空白处，选择"新建"→"文件夹"命令，然后输入学号作为文件夹的名字。

（2）建立站点。启动 Dreamweaver 软件，选择"站点"→"新建站点"命令，打开"站点设置对象"对话框，如图 4—2—25 所示。输入站点名称，并指定要设置为站点的文件夹。

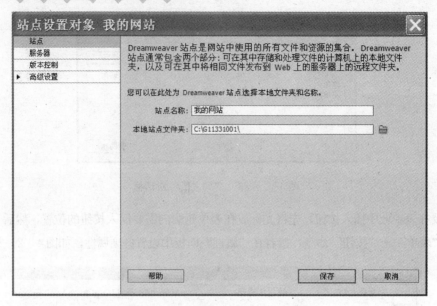

图4—2—25　"站点设置对象"对话框

步骤2　创建一个上方固定、左侧嵌套的框架页面。顶端的页面命名为"top. html"，高度为80像素；左侧的页面命名为"left. html"，宽度为116像素；右侧的页面命名为"right. html"；框架集页面命名为"index. html"；网页标题命名为"网页制作练习"；框架标题设为默认，框架网页边框不显示，如图4—2—26所示。

（1）建立框架页面。在Dreamweaver窗口中，选择"文件"→"新建"命令，打开"新建文档"对话框。在左侧的列表中选择"示例中的页"选项，在"示例文件夹"选项中选择"框架页"选项，在右侧的"示例页"选项框中选择"上方固定、左侧嵌套"框架集，如图4—2—14所示，单击"创建"按钮。

（2）设置框架属性。单击水平分隔线，在框架集属性面板中，设置行的值为80像素，如图4—2—17所示；单击垂直分隔线，在框架集属性面板中，设置列的值为116像素；边框设置为"否"；在标题区输入"网页制作练习"标题。

（3）保存框架。选择"文件"→"保存全部"命令，根据虚线框提示依次保存框架集页面（index. html）和框架页面（right. html、left. html、top. html）。

步骤3　在上框架中设置网页背景色为"♯0099FF"，插入一个Flash动画（flash. swf），要求背景透明，如图4—2—26所示。

（1）设置背景颜色。将光标定位于上框架，在属性面板中单击"页面属性"按钮，打开"页面属性"对话框，如图4—2—1所示，单击背景颜色旁的颜色块，选择"♯0099FF"颜色。

图 4—2—26　框架页面样张

（2）插入 Flash 动画并设置背景透明。选择"插入"→"媒体"→"SWF"命令，打开"选择 SWF"对话框，如图 4—2—7 所示。选择素材文件夹中的"flash.swf"文件，单击"确定"按钮；选中 Flash 占位符，在 SWF 属性面板中，如图 4—2—27 所示，单击"参数"按钮，设置参数"wmode"的值为"transparent"。

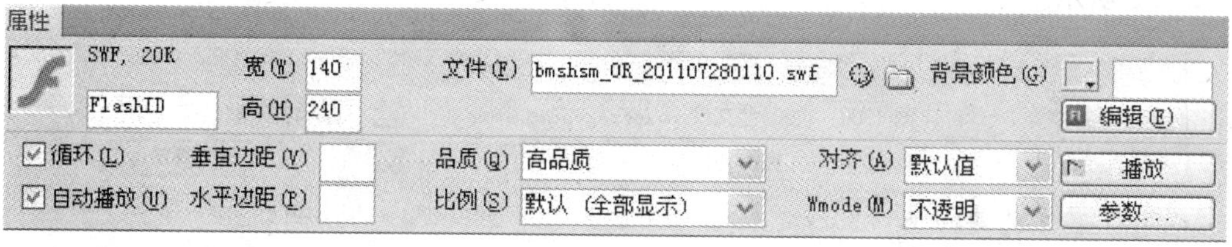

图 4—2—27　SWF"属性"面板

步骤 4　在左框架中设置网页背景图片为"mbg.gif"、上边距为 0 像素；插入 10 行 1 列的表格，宽度为 100 像素，行高均为 31 像素，居中；设置"首页"与"right.html"链接、"表单"与"form.html"链接、"书签"与"bookmark.html"链接，如图 4—2—26

所示。

（1）设置背景图片及上边距。将光标定位于左框架，在属性面板中单击"页面属性"按钮，打开"页面属性"对话框，如图4—2—1所示，单击背景图像旁的"浏览"按钮，选择"mbg. gif"图片，设置上边距的值为0。

（2）建立表格及属性设置。选择"插入"→"表格"命令，打开"表格"对话框，如图4—2—11所示。设置行数为10、列数为1、表格宽度为100像素、其他均设为0；在表格"属性"面板中，如图4—2—12所示，设置对齐方式为居中对齐；在单元格"属性"面板中，如图4—2—13所示，分别设置各单元格的行高均为31像素。

（3）建立链接。选中"首页"文字，在属性面板的链接文本框处输入"right. html"，目标选择"mainframe"；选中"表单"文字，在属性面板的链接文本框处输入"form. html"，目标选择"mainframe"；选中"书签"文字，在属性面板的链接文本框处输入"bookmark. html"，目标选择"mainframe"。

步骤5　在右框架中插入一个2行的表格，表格宽度为520像素；第一行水平居中的文字"视频欣赏"，粗体；第二行水平居中使用插件插入一段"goodmm. wmv"视频片段，视频宽度490像素，高度480像素，如图4—2—26所示。

（1）建立表格及属性设置。选择"插入"→"表格"命令，打开"表格"对话框，如图4—2—11所示。设置行数为2、列数为1、表格宽度为520像素、其他均设为0；在表格"属性"面板，如图4—2—12所示，设置对齐方式为居中对齐；在单元格"属性"面板中，如图4—2—13所示，分别设置各单元格的水平方向为"居中对齐"。

（2）建立表格内容。将光标定位于第1行，输入"视频欣赏"；将光标定位于第二行，选择"插入"→"媒体"→"插件"命令，在"选择文件"对话框中选择"goodmm. wmv"文件；在插件"属性"面板中设置宽为490像素、高为480像素，如图4—2—28所示。

图4—2—28　插件"属性"面板

步骤6　建立一个表单的网页"form. html"。在页面中建立一个水平居中、宽度为800像素的表格、单元格边距为10像素。在表格中插入一个表单，名为"form1"，要求含有：姓名（单行文本框）、性别（单选按钮）、爱好（复选框）、成绩（优、良、中、及格、差）共5个档次的下拉菜单，并已经选定"良"一档、个人简介（滚动文本框）、提交按钮用 button. gif 图片代替，如图 4—2—29 所示。

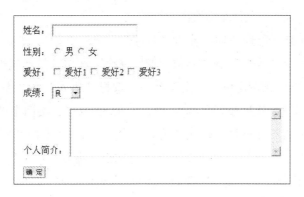

图 4—2—29　form. html 样张

（1）建立"form. html"文件，并建立表格。选择"文件"→"新建"命令，打开"新建文档"对话框；在左侧的列表中选择"空白页"选项，在"页面类型"选项中选择"HTML"选项，如图 4—2—30 所示。如果要链接样式表，在"附加 CSS 文件"区域设置；选择"插入"→"表格"命令，打开"表格"对话框，如图 4—2—11 所示。设置行数为 1、列数为 1、表格宽度为 800 像素、单元格边距为 10 像素、其他均设为 0。

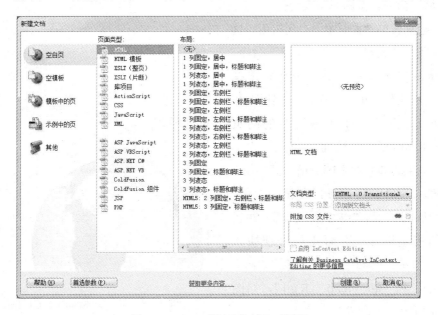

图 4—2—30　"新建文档"对话框

（2）建立表单。将光标定位于表格中，选择"插入"→"表单"命令，在表单属性面板中，设置表单名称为"form1"。

（3）建立表单元素—文本框。将光标定位于表单中，输入"姓名"，然后选择"插入"→"表单"→"文本域"命令，按回车键换行。

（4）建立表单元素—单选按钮。输入"性别""男""女"，然后将光标定位于"男"前面，选择"插入"→"表单"→"单选按钮"命令，在单选按钮属性面板中设置名称为"r1"、值为"v1"；再将光标定位于"女"前面，选择"插入"→"表单"→"单选按钮"命令，在单选按钮属性面板中设置名称为"r1"、值为"v2"；按回车键换行。

（5）建立表单元素—复选框。输入"爱好""爱好1""爱好2"，然后将光标定位于"爱好1"前面，选择"插入"→"表单"→"复选框"命令，在复选框属性面板中设置值为"c1"；再将光标定位于"爱好2"前面，选择"插入"→"表单"→"复选框"命令，在复选框属性面板中设置值为"c2"；按回车键换行。

（6）建立表单元素—下拉菜单。输入"成绩"，然后选择"插入"→"表单"→"选择（列表/菜单）"命令，在选择属性面板中单击"列表值"按钮，打开"列表值"对话框，如图4—2—23所示，输入相应的内容；初始化时在选定框中选择"良"；按回车键换行。

（7）建立表单元素—滚动文本框。输入"个人简介"，然后选择"插入"→"表单"→"文本区域"命令，按回车键换行。

（8）建立表单元素—图形提交按钮。选择"插入"→"表单"→"图像域"命令，在"选择图像源文件"对话框中，选择"button.gif"文件，单击"确定"按钮即可。

步骤7　建立一个书签链接的网页"bookmark.html"。在页面中插入一个5行4列，宽度为600像素的表格。其中第1行分别输入"新南威尔士州""昆士兰州""南澳大利亚州"和"维多利亚州"，并建立相应的书签链接；下面4行分别插入"au_map_1.gif""au_map_2.gif""au_map_3.gif"和"au_map_4.gif"，如图4—2—31所示。

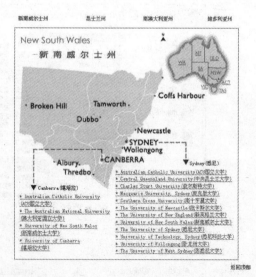

图4—2—31　bookmark.html样张

（1）建立"bookmark. html"文件，并插入表格。选择"文件"→"新建"命令，打开"新建文档"对话框；在左侧的列表中选择"空白页"选项，在"页面类型"选项中选择"HTML"选项；选择"插入"→"表格"命令，打开"表格"对话框，如图4—2—11所示。设置行数为5、列数为4、表格宽度为600像素、其他均设为0；在表格"属性"面板，如图4—2—12所示，设置对齐方式为居中对齐。

（2）在表格中输入相应的内容。将光标定位于第1行的相应单元格，分别输入四组文字；选中第2行的四个单元格，在单元格属性面板中单击"合并单元格"按钮，将四个单元格合并为一个单元格，如图4—2—13所示；将光标定位于第2行，选择"插入"→"图像"命令，选择"au _ map _ 1. gif"文件，然后在图片下方输入"返回顶部"文字；依此完成以下3行。

（3）建立锚点。将光标定位于第1行、第1列，选择"插入"→"命名锚记"命令，在"命名锚记"对话框中输入锚记名称"top"，如图4—2—9所示；再分别将光标定位于每张图片的前面，选择"插入"→"命名锚记"命令，在"命名锚记"对话框中分别输入锚记名称"1""2""3""4"。

（4）建立与锚点之间的链接。选中"新南威尔士州"，在"属性"面板的"链接"文本框中输入"♯1"；选中第1行的另外三组文字，分别链接到"2""3""4"；再选中"返回顶部"文字，在"属性"面板的"链接"文本框中输入"♯top"。

第3节 多媒体交互素材的合成

 学习目标

1. 掌握使用 Authorware 进行简单交互界面设计制作的基本技能。

2. 能够熟练使用显示、移动、擦除、交互、群组、计算、框架和声音图标。

3. 掌握一些常用的简单函数。

 操作环境

Authorware 7.0 中文版

知识要求

一、基本操作

Authorware 是一款优秀的多媒体创作软件，它可以将图像、声音、动画、文本和视频集于一体，可以制作高互动性多媒体电子课件、多媒体光盘和网络多媒体教学系统等各种学习演示系统，广泛应用于多媒体教学和商业领域。

1. Authorware 工作环境

（1）启动 Authorware。单击"开始"→"所有程序"→"Macromedia"→"Macromedia Authorware 7.0"命令。

（2）退出 Authorware。单击 Authorware 工作环境窗口中的"文件"→"退出"命令。

注意：在退出 Authorware 主程序时，如果有未关闭的对话框，则应先将其关闭，然后再退出 Authorware。

（3）Authorware 工作环境简介。Authorware 的工作界面由主程序窗口、工具箱（图标面板）、程序设计窗口、演示窗口、控制面板和属性面板等部分组成，如图 4—3—1 所示。单击"窗口"→"面板"下的相应命令，可以打开或关闭"属性""函数"和"变量"等面板。

图 4—3—1　中文版 Authorware 工作环境

（4）快捷工具栏。快捷工具栏也叫工具条或工具栏，将鼠标指针移动到这些按钮上时，会显示相应的按钮名称。工具栏中各按钮的作用见表4—3—1。

表 4—3—1 工具栏中各按钮的作用列表

序号	图标	名称	作用
1		新建	新建一个 Authorware 文件
2		打开	打开一个已经存在的 Authorware 文件
3		保存	保存当前文件，如果文件没被保存过，则弹出"保存文件为"对话框，利用该对话框可以保存当前的 Authorware 主文件和库文件
4		导入	导入文字、图像、声音和电影等媒体文件
5		撤销	撤销最后一步操作
6		剪切	复制选定的对象到剪贴板并将该对象删除
7		复制	复制选定的对象到剪贴板
8		粘贴	将剪贴板中的对象粘贴到当前工作位置
9		查找	在指定文件的图标名称、显示文本、计算图标等位置查找指定文本内容
10	B	粗体	使选中文字变为粗体
11	I	斜体	使选中文字变为斜体
12	U	下划线	使选中文字添加下划线
13		运行程序	如果程序中设置了开始旗，则变为"从标志旗开始执行"按钮，单击它可从开始旗处运行程序
14		控制面板	显示或关闭"控制面板"面板，利用它可以运行和调试程序
15		函数	显示或关闭"函数"面板
16		变量	显示或关闭"变量"面板
17		知识对象	显示或关闭"知识对象"面板

（5）工具箱。Authorware 是基于图标和流程线的创作工具，图标是 Authorware 面向对象可视化编程的核心组件。工具箱由 14 个图标、2 个标志旗图标和 1 个图标调色板组成，将鼠标指针移动到工具箱内的图标上时，则会显示该图标的名称，可以帮助用户了解图标的作用（见表 4—3—2）。

只要将工具箱内的图标拖动到程序设计窗口的流程线上（工具箱内的图标并不会被删除），就可以在流程线上创建该图标，使该图标成为程序的一部分。

表 4—3—2　　　　　　　　　　　　　工具箱中图标的作用列表

序号	图标	图标名称	作用
1		显示	制作多媒体的图形、文本或加载图像、文字
2		移动	与显示和数字电影图标配合使用，制作移动动画
3		擦除	擦除显示图标和影片等图标中的画面
4		等待	使执行中的程序暂停一段时间，等待用户按键、单击鼠标或预设时限已到后，才继续向后执行程序
5		导航	配合框架图标使用，实现程序的跳转控制
6		框架	配合导航图标使用，创建页面式结构，框架下可挂其他各类图标，每一个图标分支为一页，各页之间可以方便地跳转
7		决策	也称为"判断"图标，用来制作分支与循环结构程序
8		交互	配合其他图标可以制作交互程序，包括 11 种交互方式，各种交互方式相互搭配，可以实现多种交互动作
9		计算	用来存放程序代码
10		群组	将几个图标放置在群组图标中，便于组织程序
11		数字电影	播放 AVI 等格式的数字电影文件
12		声音	播放 WAV 等声音格式的声音文件
13		DVD 视频	播放外部视频设备产生的视频信号

序号	图标	图标名称	作用
14		知识对象	将已经设计好的程序（知识对象）加入到程序的流程中
15		开始旗	将此标志旗放置在希望开始执行程序的流程线上，程序将从此标记处开始执行
16		结束旗	将此标志旗放置在希望暂停程序的流程线上，当程序执行到此标记处时，程序会暂停执行，按 Ctrl＋P 组合键可继续执行程序
17		图标调色板	选中流程线上的图标，单击该图标调色板中的一种颜色，即可为选中的图标着色，以便于观察相关的图标

（6）演示窗口。演示窗口用于在设计和运行程序时显示对象，相当于供演员排练和演出的舞台。为了能使绘制的图形、输入的文字（文字块）、导入的图像等对象的位置和大小符合要求，可选择"查看"→"显示网格"命令，在演示窗口内显示或隐蔽网格线，如图 4—3—2 所示。

如果选择"查看"→"对齐网格"命令，则可以在移动对象和调整对象大小时，自动对齐网格线。

（7）程序设计窗口。程序设计窗口是用来创建图标（即放置图标）的区域，如图 4—3—3 所示。将工具箱中的各种图标作为对象放置在程序设计窗口中的流程线上，可以构成一种类似于流程图形式的多媒体程序。

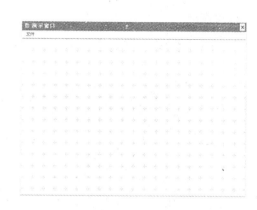

图 4—3—2　演示窗口内的网格线

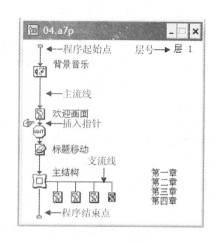

图 4—3—3　程序设计窗口

（8）"属性"面板。在程序设计中，经常会对某个图标、文件进行属性设置，属性的设置是通过"属性"面板来完成的，如图4—3—4所示。选择不同的图标，"属性"面板显示不一样，"属性"面板的名称也不一样。打开"属性"面板的方法有以下几种。

1）按住 Ctrl 键或 Alt 键，并双击程序流程线上的图标，可以调出该图标的"属性"面板。

2）选中程序流程线上的某个图标，并选择"窗口"→"面板"→"属性"命令或"修改"→"图标"→"属性"命令，即可调出或关闭该图标的"属性"面板。

3）在打开"属性"面板的情况下，单击程序流程线上的图标，可以切换到该图标的"属性"面板。

图4—3—4   "属性"面板

2. 文件和流程线上图标的基本操作

（1）新建文件。选择"文件"→"新建"→"文件"命令或单击工具栏中的"新建"按钮调出"新建"对话框，如图4—3—5所示。关闭"新建"对话框，即可调出一个新的程序设计窗口，新建一个 Authorware 文件。

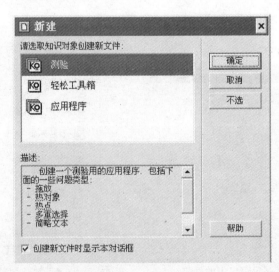

图4—3—5   "新建"对话框

（2）运行程序

1）选择"调试"→"重新开始"命令、按 Ctrl＋R 组合键或单击工具栏中的"运行"按钮，将从开始处运行程序。

2）选择"调试"→"播放"命令或按 Ctrl＋P 组合键，可以从程序的暂停处运行程序。

图 4—3—6   "控制面板"

3）单击工具栏中的"控制面板"按钮，将弹出如图 4—3—6 所示的"控制面板"，利用该面板可以对程序进行运行、暂停和继续执行等调试工作。

（3）文件属性的设置。在程序设计开始之前或在输出程序之前，通常需要进行文件属性的设置。选择"修改"→"文件"→"属性"命令，打开"属性：文件"面板，如图 4—3—7 所示。

图 4—3—7   "属性：文件"（回放）面板

"属性：文件"（回放）面板的功能说明见表 4—3—3。

表 4—3—3   "属性：文件"（回放）面板的功能说明

序号	功能	说明
1	提示信息	"属性：文件"面板的左边显示文件占用的磁盘空间、图标、变量的个数和内存剩余空间
2	演示窗口的标题设置	在面板上方的文本框内输入文件的标题
3	背景色	设定演示窗口的背景色
4	色彩浓度关键色	在计算机装有视频显示卡的情况下，设置视频显示专用的透明底色
5	大小	"根据变量"，在运行程序或调出演示窗口后，可以使用鼠标调整演示窗口的大小和位置，以后再运行程序时，演示窗口的大小和位置以最后的状态为准；"使用全屏"，使演示窗口占满整个屏幕；按显示器的不同分辨率设定演示窗口

单击图4—3—7所示对话框内的"交互作用"选项卡，显示如图4—3—8所示的"属性：文件"（交互作用）面板。

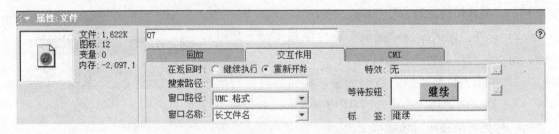

图4—3—8　"属性：文件"（交互作用）面板

"属性：文件"（交互作用）面板的功能说明见表4—3—4。

表4—3—4　　　　　　"属性：文件"（交互作用）面板的功能说明

序号	功能	说明
1	等待按钮	设置等待按钮的形状和按钮上的文字，单击框内的按钮或单击按钮▁，会弹出"按钮"对话框，选择按钮并设计按钮样式
2	标签	输入等待按钮上的文字标签
3	在返回时	设置在程序返回时，程序继续运行的方式
4	特效	单击▁按钮，打开"返回特效方式"对话框，设置用户离开程序后，再返回继续执行程序时的特效显示方式

（4）在流程线上创建图标。拖动工具箱中的一个图标到程序设计窗口的程序流程线上，则流程线上会自动创建一个相应的图标，在该图标右边自动给出该图标的默认名称——"未命名"，名称的背景色为深色，表示该图标已被选中。

（5）图标命名。通常图标名称应与图标内容相符，这就需要给图标命名。单击要重新命名的图标或图标名称，选中该图标，然后输入新的图标名称；如果要修改图标名称中某一个字母或汉字，可在图标被选中的情况下，再次单击鼠标左键，就可以修改了。

（6）选中流程线上的图标。

1）单击流程线上的图标，可以选中被单击的图标。

2）按住 Shift 键，同时单击流程线上的多个图标，可以选中被单击的多个图标。

（7）删除流程线上的图标。如果要删除程序设计窗口中的一个或多个图标，可以在选中这些图标的情况下，单击工具栏上的"剪切"按钮或按 Delete 键。

（8）将图标组成群组。将图标组成群组就是把选中的图标放在一个群组图标中，这样可将完成某项任务的图标集中在一起，便于管理和读取程序，也便于修改程序。

选中要组成群组的图标，选择"修改"→"群组"命令，则程序设计窗口的流程线上会出现一个群组图标，它取代了原来选中的图标；双击群组图标，展开"层2"程序设计窗口，如图4—3—9所示。

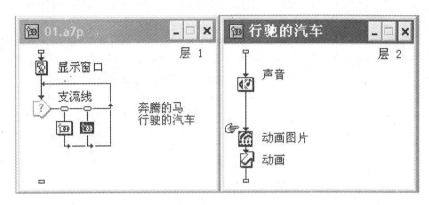

图4—3—9　展开群组图标

二、显示图标

1. 绘图工具箱

拖动一个显示图标或交互图标到流程线上，双击该图标，打开它的演示窗口和绘图工具箱。绘图工具箱中图标的用法见表4—3—5。

表4—3—5　　　　　　　　　　绘图工具箱中图标的用法列表

序号	图标	图标名称	作用
1		选择/移动	选择和移动演示窗口中的各种对象
2		线	单击上方直线，选择线条的粗细；单击下方直线，选择线条的类型
3	填充	填充	给图形（不包括直线）内填充图案，如果单击"无"，则不为图形填充图案和任何颜色
4	A	颜色	改变文字和线条的颜色
5		前/背景色	给图形填充图案设置颜色，给填充图案的背景和文字的背景设置颜色
6	□	矩形	绘制矩形；按住Shift并拖动鼠标，绘制正方形

序号	图标	图标名称	作用
7	○	椭圆	绘制椭圆；按住 Shift 并拖动鼠标，绘制圆形
8	○	圆角矩形	绘制圆角矩形；按住 Shift 并拖动鼠标，绘制圆角正方形
9	+	直线	绘制与水平线夹角为 45°整数倍的直线
10	/	斜线	绘制与水平线夹角为任意角度的线条；按住 Shift 并拖动鼠标，绘制与水平线夹角为 45°整数倍的直线
11	 ◿	多边形	绘制封闭多边形或不封闭的多边形
12	 模式 不透明	模式	设置两个对象重叠时的显示效果，包括不透明、遮隐、透明、翻转、擦除、阿尔法模式等

2. 文本的输入和编辑

（1）输入文本。单击绘图工具箱中的文字工具，在演示窗口中单击要输入文字的地方，则在演示窗口中会显示一条水平线（文本宽度线），如图 4—3—10 所示。水平线两端各有一个方形控制柄，用于调整文本宽度；黑色小三角标记，分别表示首行左缩进、段落左缩进和段落右缩进。每按一次回车键，就表示一个段落的结束。

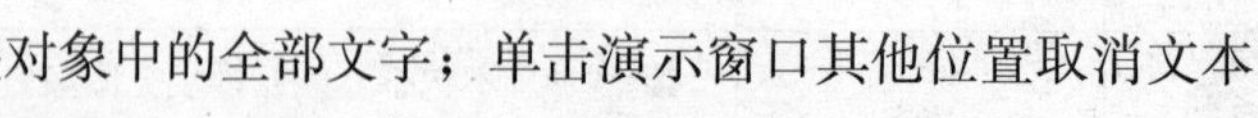

输入和编辑文字

图 4—3—10　利用文字工具输入文本内容

（2）编辑文本

1）选中与取消选中文字块。选择绘图工具箱中的"选择/移动"工具，再单击文字块对象，选中文字块对象中的全部文字；单击演示窗口其他位置取消文本的选中；选择绘图工具箱中的"文字"工具，再拖动文字，被选中的文字以黑底白字方式呈现。

2）改变文本的属性。先选中文字，再修改文字的字体、大小、颜色和风格等。

3）删除文本。先选中要删除的文字，再按 Backspace 键，或选择"编辑"→"剪切"命令。

（3）设置文本字体。选中要设置字体的文字，选择"文本"→"字体"→"其他"命令，可以设置文字的字体。

（4）设置文本大小。选中要设置大小的文字，选择"文本"→"大小"命令，可以设置文字的大小（单位是磅）。

（5）设置文本颜色。选中要设置颜色的文字，单击绘图工具箱中的"颜色"工具，打开"颜色"工具盒，选择色块即可对文字设置颜色。

（6）设置文本对齐方式。选中要设置对齐方式的文字，选择"文本"→"对齐"命令，可以设置文字的对齐方式。

（7）设置文本风格。选中要设置风格的文字，选择"文本"→"风格"命令，可以设置文字的常规、加粗、倾斜、下划线、上标和下标等风格。

3. 导入图像

将显示图标放在流程线上，并给图标命名，双击该图标打开其演示窗口；选择"文件"→"导入和导出"→"导入媒体"命令，打开"导入哪个文件？"对话框，如图4—3—11所示。选择要加载的图像文件的名称，再单击"导入"按钮，即可将该图像文件导入显示图标中。

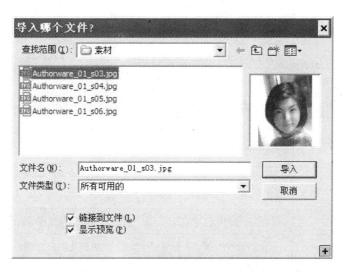

图 4—3—11 "导入哪个文件？"对话框

三、交互设计

1. 交互图标和按钮交互

（1）交互类型的种类和特点。交互图标提供了11种交互类型（也称交互方式），利用它可以实现人机对话，让用户参与到程序的运行中，通过单击按钮、输入文本、单击对象、拖动对象等方式，来控制程序的运行。

把一个交互图标放在流程线上，会打开"交互类型"对话框，如图4—3—12所示。

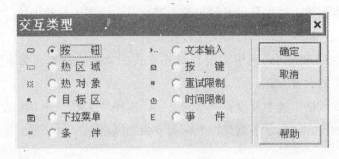

图4—3—12 "交互类型"对话框

交互类型的含义见表4—3—6。

表4—3—6　　　　　　　　　　　交互类型的含义

序号	交互类型	含义
1	按钮	单击按钮后，程序会立即执行相应的响应图标
2	文本输入	当输入的文本与限定的文本一致时，程序会立即执行相应的响应图标
3	热区域	在演示窗口内设定的一个区域，当它被激活时，程序会立即执行相应的响应图标
4	按键	当用户按下指定的按键时，程序会立即执行相应的响应图标
5	热对象	当单击、双击或鼠标指针经过设定的对象时，即可激活该对象，程序则会立即执行相应的响应图标
6	重试限制	当同一个交互图标下的交互操作次数与限定的次数一样时，程序会立即执行相应的响应图标
7	目标区	拖动对象到所设定的目标区时，程序会立即执行相应的响应图标
8	时间限制	当同一个交互图标下的交互操作所用的时间与限定的时间一样时，程序会立即执行相应的响应图标
9	下拉菜单	单击下拉菜单中的命令，程序会立即执行相应的响应图标
10	事件	当指定的事件发生时，程序会立即执行相应的响应图标
11	条件	当设定的条件成立时，程序会立即执行相应的响应图标

（2）交互作用面板。选中交互图标，选择"修改"→"图标"→"属性"命令或按住 Ctrl 键的同时双击交互图标，打开"属性：交互图标"面板，如图4—3—13所示。

图 4—3—13   "属性：交互图标"（交互作用）面板

1）擦除。交互图标可以显示文字、图形和图像等，因此，要确定是否擦除这些显示的内容以及何时擦除。

2）擦除特效。打开"擦除模式"对话框。

3）在退出前中止。在程序退出该交互图标时，程序暂停，单击或按任意键后，程序正式退出交互，并继续往下执行。

4）显示按钮。在退出交互后的暂停期间内，屏幕上会显示一个"继续"按钮，单击该按钮后，程序才继续往下执行。

（3）显示面板。"属性：交互图标"（显示）面板如图 4—3—14 所示。

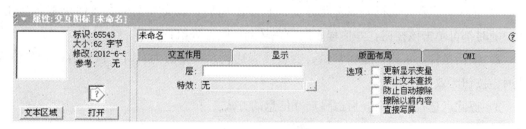

图 4—3—14   "属性：交互图标"（显示）面板

1）层。输入静态的层号，层号大的对象显示在上边。

2）特效。打开"特效方式"对话框，用来设置特效的显示方式。

3）更新显示变量。可以使文本框内的变量值动态显示。

4）禁止文本查找。在进行文本搜索时，将已设置了"禁止文本查找"的图标排除在文本搜索范围之外。

5）防止自动擦除。可以使对象不受其他图标中设置的自动擦除命令的影响，要擦除这些对象，必须使用擦除图标。

6）擦除以前内容。当程序运行到要显示内容时，先将演示窗口中的所有内容擦除，再显示该内容。

（4）按钮面板。双击按钮交互的判断图标，打开"属性：交互图标"（按钮）面板，如图4—3—15所示。

1）类型。有11个选项，用来确定交互类型。

2）大小和位置。用来精确确定按钮的大小与位置。

3）标签。用于输入按钮的标题。

4）快捷键。输入快捷键的名称。

5）非激活状态下隐藏。按钮不可用时自动消失。

6）鼠标。打开"鼠标指标"对话框，选择鼠标指针形状。

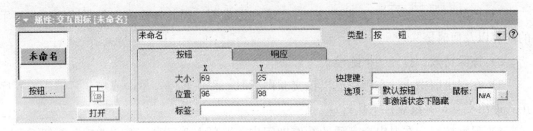

图4—3—15　"属性：交互图标"（按钮）面板

（5）响应面板。按钮交互的"属性：交互图标"（响应）面板，如图4—3—16所示。

1）范围。当程序执行完该交互分支的响应图标后，该交互图标的按钮仍能起作用，用户随时都可单击该按钮，并使程序流向跳转到此图标处执行程序。

2）激活条件。可输入逻辑常量、变量或表达式，当其值为真时，按钮有效；其值为假时，按钮无效。

3）擦除。选择退出交互后擦除交互信息的方式。

4）分支。确定执行完一次交互后程序的流向类型。

5）状态。显示跟踪响应的正确与错误。

6）计分。可以输入变量或表达式，如果这个响应是正确的，则计分是正数，否则计分是负数。

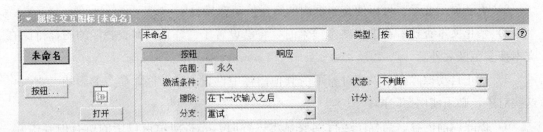

图4—3—16　"属性：交互图标"（响应）面板

2. 动画制作

在流程线上的显示图标、电影图标或功能图标下创建一个移动图标，并给该移动图标命名，产生动画效果。按住 Ctrl 键的同时双击移动图标，打开"属性：移动图标"面板，如图 4—3—17 所示。

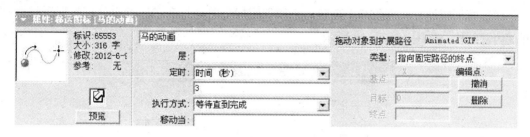

图 4—3—17 "属性：移动图标"面板

（1）层。输入数值，可以是零、负整数和正整数，数字越大，图层越高。当几个图层对象重叠放置时，号码大的图层在上面。

（2）定时。选择"时间（秒）"选项，在固定时间长度（以秒为单位）内完成移动效果；选择"速率（sec/in）"即"速率（秒/英寸）"选项，表示对象移动 1 英寸所用的秒数。当对移动和其他事件的同步性要求较高时应选择"时间（秒）"选项；对于移动速度要求较高时应选择"速率（sec/in）"选项。

（3）执行方式。选择"等待直到完成"选项，表示对象移动结束后，再执行下一个图标；选择"同时"选项，表示对象开始移动后，就立即执行下一个图标，可以使几个图标的对象同时执行。

（4）类型

1）指向固定点。选定的对象由原位置处沿直线移动到目标位置处。

2）指向固定直线上的某点。选定的对象由原位置处沿直线移动到直线坐标的坐标点处。

3）指向固定区域内的某点。选定的对象由原位置处沿直线移动到平面坐标的坐标点处。

4）指向固定路径的终点。对象由原位置处沿设定的曲线路径移动到终点处。

5）指向固定路径上的任意点。选定的对象由原位置处沿曲线路径移动到曲线坐标的坐标点处。

3. 框架图标和导航图标

（1）页管理。书是由很多页组成的，在看书时，常会逐页向后或向前翻页，也会直接翻到最后一页或第一页，还会根据书的页码查找某一页等方式。

框架图标下挂的每一个图标相当于书中的某一页，可以通过这种"翻页"的页管理模式实现浏览各图标中的内容。框架图标下挂的每一个图标中不仅可以创建书中的文字、图像，还可以存放声音、数字电影等。"翻页"可以通过按钮、热对象和热点区域等交互方式来完成。

（2）框架图标。在流程线上创建一个框架图标，并对其命名。双击"框架"图标，打开其内部结构，如图4—3—18所示。

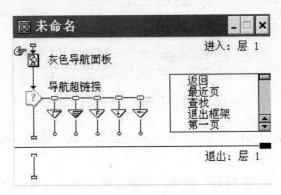

图4—3—18　框架图标的内部结构

（3）导航图标。导航图标是完成程序跳转的定向链接，当程序执行到导航图标时，会自动跳转到导航图标链接的目的页。打开"属性：导航图标"面板，选择面板中"目的地"下的不同选项，得到不同的面板。

1）目的地选择为"最近"时，"属性：导航图标"（最近）面板如图4—3—19所示。

图4—3—19　"属性：导航图标"（最近）面板

返回——返回刚刚查阅的那一页。

最近页列表——程序执行到此导航图标时，屏幕会显示"已经查阅过的页"对话框，供选择。

2）目的地选择为"附近"时，"属性：导航图标"（附近）面板如图4—3—20所示。

图4—3—20 "属性：导航图标"（附近）面板

前一页——退回到上一页。

下一页——进入下一页。

第一页——跳转到框架结构的第一页。

最末页——跳转到框架结构的最后一页。

退出框架/返回——退出框架结构。

3）目的地选择为"任意位置"时，"属性：导航图标"（任意位置）面板如图4—3—21所示。

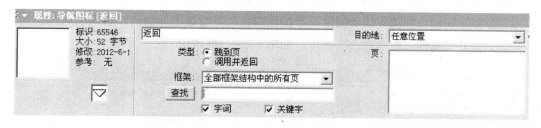

图4—3—21 "属性：导航图标"（任意位置）面板

跳到页——建立单程定向链接，程序继续执行流程线上的下一个图标，而不会返回到调用它的原程序处。

调用并返回——建立环程定向链接，程序执行完任意框架结构中的目的页后，返回原程序调用处。

框架——选择某个框架结构。

查找——寻找框架结构中相应的图标页。

字词——在文本框中输入字词，查找时可以找到含有该字词的图标页。

关键字——将文本框中输入的字词作为关键字，查找该关键字的图标项。

页——单击某个图标，使它成为定向链接的目的页。

4. 等待图标和擦除图标

（1）等待图标。在流程线上创建一个等待图标，使程序处于等待状态。打开"属性：

等待图标"面板，如图4—3—22所示。

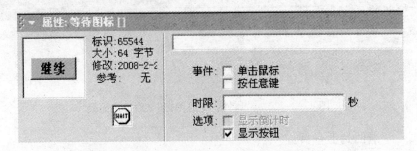

图4—3—22　"属性：等待图标"面板

单击鼠标——当单击演示窗口内部后可退出等待。

按任意键——按任意键退出等待。

时限——在文本框内输入等待的秒数，到规定的时间后退出等待。

显示倒计时——在等待的时间内，屏幕上会显示倒计时小钟。

显示按钮——显示"继续"按钮，单击该按钮退出等待。

（2）擦除图标。在流程线上创建一个擦除图标，并给该图标命名，实现擦除某个对象的功能。打开"属性：擦除图表"面板，如图4—3—23所示。

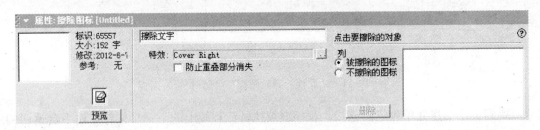

图4—3—23　"属性：擦除图标"面板

防止重叠部分消失——完成擦除图标后再执行下一个图标；否则，在擦除选定对象的同时执行下一个图标。

被擦除的图标——右侧列表内的对象为擦除对象。

不擦除的图标——右侧列表内的对象为非擦除对象，其他图标内的对象为擦除对象。

特效——打开"擦除模式"对话框，如图4—3—24所示。

1）分类。有12大类擦除特效。

2）周期。擦除所用的时间，时间在0～30秒。

3）平滑。特效擦除时的光滑程度，数值在0～128，数值越小，光滑程度越高，但所需时间会增加。

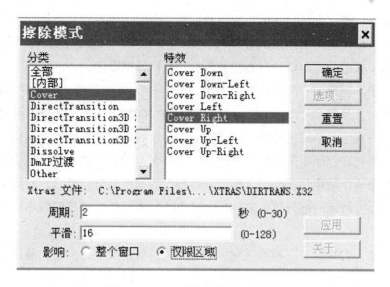

图4—3—24 "擦除模式"对话框

4）影响。确定特效擦除的作用范围。

四、基本调试方法

1. 单步调试命令的分类

程序调试是编程时通过运行程序或程序片段来发现和解决问题的过程。在程序的开发过程中，掌握程序调试的方法，使程序设计的条理清楚，达到事半功倍的效果，大大加快程序设计的速度。为了找到程序的错误位置，通常采用的一种调试手段就是逐步跟踪程序执行的流程，即单步调试，直至找到错误的位置。

很多开发工具都支持单步调试，单步调试分为单步语句调试和单步过程调试两种。单步调试的方法是通过"调试"→"调试窗口"（Step Into）命令和"单步调试"（Step Over）命令来逐步跟踪程序的运行。每执行一次 Step Into，程序向下执行一步，遇到组图标会进入；而 Step Over 也是每次单步向下执行，但遇到组图标并不进入，而是跨步跟踪。

2. 常用调试策略的分类和步骤

调试一般根据问题征兆列出导致产生错误的所有可能原因，逐个排除，最后找出真正的问题所在。针对错误可能原因的判断和排除方法形成了不同的调试策略。

（1）试探法。调试人员（一般是程序开发人员）分析错误征兆，根据错误表现初步分析、猜想故障的大致位置，然后重点针对错误地点源代码进行代码检查，逐步定位。这种方法比较依赖于程序员对程序的理解、熟悉程度以及问题原因的复杂程度，对于比较复杂的问题这种方法效果比较差。

（2）回溯法。调试人员检查错误现象及征兆，确定最先发现"错误症状"的地方，然后人工回溯源程序代码，沿程序的控制流往后（反方向）回溯跟踪，直到征兆消失处为止，接着对相关邻近的代码段进行查找和分析，找出错误原因。

回溯法对于小程序或者简单问题是一种比较有效的调试策略，但随着程序规模扩大、逻辑复杂度增加以及问题复杂度增加，采用回溯法对问题定位变得几乎不可能。

（3）对分查找法。如果已经确定每个变量在程序内若干关键点的正确值，则可以用赋值语句或输入语句在程序中间点附近"注入"这些变量的正确值，然后执行程序、检查程序的输出。如果输出结果是正确的，则故障在程序的前半部分；反之，故障在程序的后半部分。对于程序有故障的部分再重复使用上述方法，直到把故障范围缩小到容易判断的程度为止。

（4）归纳法。归纳法是一种系统化的思考方法。从错误征兆出发，通过分析这些线索之间的关系，从而判断、查找出故障，是一种从个别推断到一般的方法。归纳法一般分为四个步骤：

1）收集相关数据。列出已经掌握的有关程序正确完成时和错误完成时的所有数据。一些数据本身是正确的，但其与错误操作产生的数据类似，这些数据往往能够提供重要的线索，有助于程序错误的查找。

2）组织数据。整理现有数据以便发现规律。重要的是找到原因，即什么条件下出现错误，什么条件下不出现错误。

3）导出假设。分析研究线索之间的关系，试图找出规律，从而提出关于故障的一个或多个假设。如果不能作出推测，则应设计并执行更多的测试，以便获得更多的测试数据支撑分析和假设。如果作出了多种假设，则首先应选用可能性最大的假设进行证明。

4）证明假设。利用假设解释原始的测试结果，如果能够完全解释所有测试数据，则假设得到证实；否则要么是假设不成立或者不完备，要么是有多个故障同时存在。

（5）演绎法。演绎法是从一般原理或前提出发，运用排除和推理的方法得出结论。首先列出所有可能的原因和假设，然后排除所有的特殊原因，直到留下一个主要错误原因。其基本过程大致包含如下四个步骤：

1）列举可能的错误原因和假设。根据所有数据，设想所有可能产生错误的原因。与归纳法不同的是，这里并不需要利用这些假设解释各种测试数据。

2）使用已有数据排除不正确的假设。仔细分析现有数据，寻求其中的关联和矛盾，力求排除前一步列出的各种原因。如果所有列出的假设都被排除了，则需要重新审视假设或者补充更多的测试数据以提出新的假设；如果最后留下的假设为两个，则首先选用可能性最大的一个假设进入下一步骤。

3）进一步完善留下的假设。利用已有的测试数据和错误征兆进一步细化留下的假设，使假设更加具体，以便准确确定故障的位置。

4）证明留下假设的正确性。利用假设解释所有原始数据以证明假设的正确性。

 **技能训练**

使用 Authorware 多媒体制作软件编写交互作品

操作步骤

步骤 1　设置大小为 600×480 像素、背景为黄色、有背景音乐的画面。

（1）进入 AuthorWare 软件。"开始"→"程序"→"Macromedia"→"Macromedia AuthorWare 7.0"，当出现"新建"对话框时，单击"取消"按钮。

（2）设置画面大小为 600×480 像素。将工具箱中的"计算"图标拖入流程线，命名为"初始化"；双击"计算"图标，在打开的窗口中输入"resizewindow（600，480）"；关闭窗口，在弹出对话框中选"是"；单击工具栏上的"运行"按钮，确认演示窗口尺寸。

（3）设置背景音乐。单击工具栏上的"导入"按钮，打开"导入哪个文件？"对话框，选择背景音乐文件，如图 4—3—25 所示；并命名为"背景音乐"。

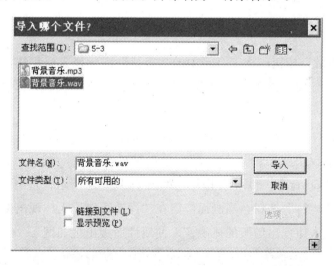

图 4—3—25　"导入哪个文件？"对话框

（4）设置背景色为黄色。选择"修改"→"文件"→"属性"命令，打开"属性：文件"（回放）面板，如图 4—3—7 所示，设置"背景色"为"黄色"。

步骤 2　第一页设置为有关运动的文字，从屏幕下方慢慢往上移动，并且按"继续"按钮进入第二页。

（1）在演示窗口中建立显示文字。将工具箱中的"显示"图标拖入流程线，改名为"第一页"；双击"第一页"显示图标，单击绘图工具箱中的"文本"按钮，选择"文本"→"字体"→"其他"→"黑体"命令，选择"文本"→"大小"→"18"命令，单击绘图工具箱中的"颜色"选择"黑色"，单击绘图工具箱中的"模式"按钮选择"透明"；在演示窗口中单击要输入文字的位置，输入文字，如图4—3—26所示，并在显示属性面板设置特效为"Cover Up"。

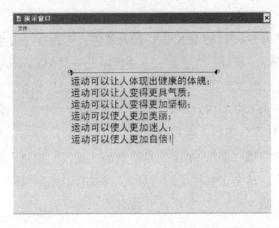

图4—3—26 输入文字后的效果图

（2）建立"继续"按钮。将工具箱中的"等待"图标拖入流程线，在属性面板选择"显示按钮"，如图4—3—22所示；单击工具栏中的"运行"按钮，调整"继续"按钮的位置。

（3）设置擦除效果。将工具箱中的"擦除"图标拖入流程线，命名为"擦除文字"；在"擦除"属性面板中（见图4—3—27）单击特效旁"…"按钮，打开"擦除模式"对话框中，选择"Cover Up—Left"特效，如图4—3—24所示；选中"被擦除的图标"，单击工具栏中的"运行"按钮，当画面停留在"运动可以让人体现出健康的体魄；"时，单击"运动可以让人体现出健康的体魄；"。使属性面板出现如图4—3—28所示效果。

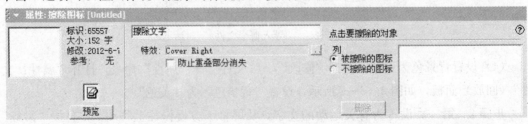

图4—3—27 "擦除"属性面板

图4—3—28 选择被擦除的图标

步骤3 建立三个交互按钮。

(1) 建立"奔腾的马"交互按钮。将工具箱中的"交互"图标拖入流程线，命名为"交互"；将"群组"图标拖动到流程线上的"交互"图标上，在打开的"交互类型"对话框中选择"按钮"选项（如图4—3—15所示）；在"群组"图标的属性面板中输入"奔腾的马"、单击"按钮…"，选择按钮样式。

(2) 继续建立交互按钮。参照（1）的方法，继续建立"图片浏览"和"点图示意"的交互按钮。

(3) 建立"退出"按钮。将工具箱中的"计算"图标拖动到流程线上的"交互"图标上，在打开的"交互类型"对话框中选择"按钮"选项；在"计算"图标的属性面板中输入"退出"，单击"按钮…"，选择按钮样式；双击"计算"图标，在打开的窗口中输入"quit（）"，关闭窗口，在弹出对话框中选择"是"。

(4) 调整交互按钮位置。单击工具栏上的"运行"按钮，分别单击流程线上的"群组"图标，然后调整按钮的位置和大小，如图4—3—29所示。

图4—3—29 交互按钮布局

步骤4 单击"奔腾的马"的按钮，按钮的下方出现自由奔跑的马（"马"按照自由路径运动）。

(1) 建立"奔腾的马"交互内容。双击流程线上的"奔腾的马"群组图标，在演示窗口（层2）中，选择"插入"→"媒体"→"animated GIF"命令；在"Animated GIF

Asset 属性"对话框（见图 4—3—30）中单击"浏览"按钮，选择 GIF 文件；单击 GIF 图标，在属性面板中切换到"显示"选项卡，将"模式"选为"透明"；双击流程线上的"交互"图标，在绘图工具箱中单击"前/背景色"按钮，选择"白色"，在绘图工具箱中单击"矩形"按钮，在演示窗口中拖曳出矩形。

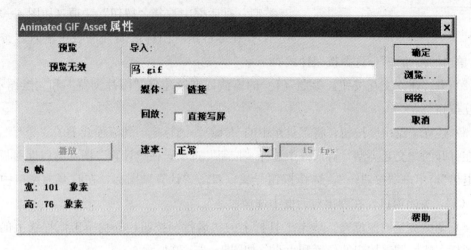

图 4—3—30　"Animated GIF Asset 属性"对话框

（2）建立动画。单击工具栏上的"运行"按钮，单击"奔腾的马"按钮，再单击"奔腾的马"的 GIF 图标，将工具箱中的"移动"图标拖入流程线，命名为"马的动画"；双击"移动"图标，在"移动图标"属性面板中设置，"定时"为"时间（秒）"，并输入 3，"执行方式"为"等待直到完成"，"类型"为"指向固定路径的终点"选项；在演示窗口中，用鼠标拖动"马"按任意位置逐步向左移动一段距离，从而产生"马"运动的路径；再次单击工具栏上的"运行"按钮，单击"奔腾的马"按钮，预览程序运行情况。效果如图 4—3—31 所示。

（3）擦除动画。将工具箱中的"等待"图标拖入流程线，在"等待"图标的属性栏中，设置"时限"为"1"，其他均不选择；将工具箱中的"擦除"图标拖入流程线，命名为"擦除马的动画"，单击要擦除的对象。

步骤 5　单击"图片浏览"按钮，按钮的下方出现第一张图片和"第一页""上一页""下一页""最后一页"按钮；当图片为第一张时，"上一页"按钮无效；当图片为最后一张时，"下一页"按钮无效。

（1）建立"图片浏览"交互内容。双击流程线上的"图片浏览"群组图标，在演示窗口（层 2）中，将工具箱中的"框架"图标拖入流程线上，命名为"组合"；再拖入四个"显示"图标，分别命名为"图 1""图 2""图 3""图 4"；分别双击"显示"图标，单击

图 4—3—31 "马"的运动路径

工具栏中的"导入"按钮，分别导入"1.jpg""2.jpg""3.jpg"和"4.jpg"四张图片。

（2）设置导航。双击"框架"图标，右击"灰色导航面板"图标，选择"剪切"命令；在右侧滚动条中，保留"退出框架""第一页""上一页""下一页"和"最后页"，其余的全部删除；将"退出框架"改名为"退出"，并在属性面板中设置其按钮形态。

（3）设置按钮功能。单点"上一页"，选择属性面板"响应"选项卡，设置激活条件为"CurrentPageNum>1"，如图 4—3—32 所示；单点"下一页"，选择属性面板"响应"选项卡，设置激活条件为"CurrentPageNum<4"。

图 4—3—32　设置条件面板

最终的效果如图4—3—33所示。

图4—3—33　最终效果图

步骤6　单击"点图示意"的按钮，按钮的下方出现若干图片，用鼠标（为手型）点击某一个图片，该图片底下出现相应的文字，按"退出"按钮结束。

（1）建立"点图示意"交互内容。双击流程线上的"点图示意"群组图标，在演示窗口（层2）中，将工具箱中的"显示"图标拖入流程线上，命名为"图片"；双击"图片"显示图标，单击工具栏中的"导入"按钮，导入"11.jpg""22.jpg""33.jpg""44.jpg"和"55.jpg"等图片，并合理布局，如图4—3—34所示。

（2）建立"退出"按钮。将工具箱中的"框架"图标拖入流程线上，命名为"组合"；将工具箱中的"群组"图标拖入"框架"图标，命名为"图片集合"；将工具箱中的"擦除"图标拖入流程线，命名为"擦除图片"，单击要擦除的"图片"对象；双击"框架"图标，右击"灰色导航面板"图标，选择"剪切"命令；在右侧滚动条中，保留"退出框架"，其余的全部删除；将"退出框架"改名为"退出"，并在属性面板中设置其按钮形态。

（3）建立每张图片的注解文字。双击流程线上的"图片集合"群组图标，在演示窗口（层3）中，将工具箱中的"交互"图标拖入流程线上，命名为"交互"；将工具箱中的"显示"图标拖动到流程线上的"交互"图标上，在打开的"属性：交互图标"面板中选

图4—3—34　对象分布图

择"热区域"类型（见图4—3—16），并命名为"足球"；在属性面板中设置鼠标指针为"手"形状，如图4—3—35所示；调整热区域的位置和大小；双击"足球"显示图标，建立文字"足球"；依此分别建立"自行车""网球""冰球"和"滑雪"。

最终的效果如图4—3—36所示。

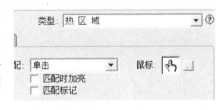

图4—3—35　设置鼠标指针画面

图4—3—36　最终效果图

思 考 题

1. 试比较 Authorware 和 PowerPoint 两个工具的功能特点。

2. 群组图标在流程设计中的作用？

3. 为什么说 Authorware 是基于图标和流程的多媒体创作工具？

4. 简述超文本与超媒体技术。

5. 链接页面载入的目标位置有哪些？它们各自的功能是什么？